妈妈的自由

THE MOTHER'S
FREEDOM

给那些隐没在女儿、妻子、
儿媳、母亲角色后的自己

羽茜

——

著

中国出版集团 现代出版社

目录

Chapter 2　可以实现的自由

Chapter 7　给孩子自由，是父母一辈子的练习

作者序

为什么要思考自由

迈入中年，孩子还小，父母逐渐衰老，在职场上不再像新人那样受到包容，要做的事情更多，承担的责任也更重——不管是男人还是女人，应该都是在这个人生阶段，最容易感觉到身不由己了吧。

但是，女人身上的担子比男人的更沉重。这么说不是因为我是女人，所以特别同情女人的缘故，而是因为在人际关系上，女人总是被要求承担更多的情绪劳动。男人因为工作忙而疏忽家人朋友会得到谅解，但是无论"性别平等"的口号再怎么响亮，女人还是会被外界更严苛的标准来评价。

女人有工作成就固然好，但这并不被认为是可以疏忽家庭的理由。所以不管她是职业女性，还是全职主妇，身边的人和社会舆论还是会以她是不是个好妈妈、好女儿、好太太和好儿媳——这些"与其他人的关系"，甚至是用其他人对她的"满意度"来衡量的事情，来评价她的个人。

职业女性就算已经"一根蜡烛两头烧"了，也无法像男人那样，因为上班很累，下班就被动地享受家人的照顾。无论在什么情况下，女人都被要求对家人温柔体贴，心甘情愿地为家人付出。

学生时代主修社会学的我，很早就察觉到这是一种性别不平等：没有理由，纯粹因为"你是女人"，就会被要求承担其他人不想承担或者自认为无力承担的任务。但是，我很快就感觉到无能为力，好像知道了社会是这么不平等之后，只是失去了乐观向上的意志，却没办法对这不平等的处境做些什么。

特别是在踏入婚姻，身上多了已婚的女儿、儿媳、妻子、母亲等专属于女人的角色之后，我更是深刻体会到，身为女人，根本无法像男人那样"自由"，因为情感和角色关系上的束缚太多了。

不是说男人就可以随心所欲地做任何事情，而是说男人女人做同样的事情，后果却总是大不相同。

男人只要替小孩换一次尿布，就会被赞美"真是个好爸爸"，而女人每天为孩子把屎把尿，忙到蓬头垢面，却被认为是应尽的职责；如果女婿因为工作忙或者个性使然，和姻亲之间并不亲近，并不会被认为有什么大不了，而一旦换成儿媳，就会被批评算不上个"好儿媳"。其他像是因为工作时间长所以假日只想休息不想陪伴孩子、自觉情感空虚而有外遇等，这些事情无论男女都同样不被允许，但是一旦发生，因为性别不同，男女被原谅和被包容的程度却大不相同。

女性是相对不自由的，原因在于社会的、文化的方面，而不仅在于她个人。

在知道这些事情并且切身体会之后，我究竟还能够为自己做些什么？不想要陷入身为女人的自怨自艾，也不想无奈地想着"下辈子有机会一定要做个男人"，我想把握这仅有一次的人生，为自己做些什么，所以我开始思考：什么是"女人的自由"。

前言

身为母亲，我心疼我的女儿

如果我希望女儿能够勇敢地追求自由，不要因为身为女性而自我设限，我就要先让她看到，身为母亲的我，是如何面对这种种不自由的困境，我用什么方式看待别人对我的不公平，还有，我如何避免用不公平的期待看待别人。

女人身上有太多角色期待的包袱了，就从作为一个女孩诞生到这世上开始。

生了一个儿子之后，又怀了女儿，我不知道听了多少次："恭喜你！女儿比儿子贴心呢！"于是我时常在夜深人静的时候，抚着肚子心想："可怜的孩子，还没出生，就已经被当作'与男孩不同'的存在了。"

女儿从出生起，甚至是出生前，就已经被预期会比儿子"贴心"了。

比方说她会是爸爸的前世情人、妈妈的终身好友、会比儿子更挂念着自己的家庭，更乐意也更无私地为家人付出，这些期待包含了大量的情感劳动，显示出社会对于女人有非常多看似理所应当的束缚。

对性别角色期待相当敏感的我，一开始就察觉到，这些对女儿的想象和要求，将会是她一辈子的包袱。

无论走到哪里，都会有人用"你是女人"来限制她的选择，会要求她要以别人的感受为优先，要贴心，要顾全"大局"，要不求回报。

不为什么，就因为她是女人。

这些以善良、包容、牺牲小我来界定的"女人的特质"，与其说真的是女人的特质，不如说是社会加在女人身上的限制。这个社会要求女人做到这些，让她在人生的每个关头都自我设限，最后再用"好女人"这三个字，概括她作为一个妻子、母亲、女儿和儿媳，放下自己真实的愿望，为他人奉献和付出的过程。

我身为母亲也是女人，现在也还背负着这些包袱努力生活着。我想为女儿卸除这些不必要的重担，却也知道，即使我在家里尽可能塑造男女平等的气氛，一旦出了家门，她也一样会感受到身为女性的压力。

如何成为女儿坚强的后盾，给她力量去对抗社会的种种不平等，我现在还没有完整的答案，但是我想，有一件事情是不会错的——

如果我希望女儿能够勇敢地追求自由，不要因为身为女性而自我设限，那么我就要先让她看到身为母亲的我，是如何面对这种种不自由的困境，我用什么方式看待别人对我的不公平，还有我如何避免用不公平的期待看待别人。

换言之，我思考的不仅是在不自由的处境下如何努力让自己过得自由，还有我对人际关系、亲密关系的想法，这些想法帮助我维持从容的心境，也给予身边的人更多自由。

如果我看起来总是很沮丧很悲观，对于女人身上的种种枷锁，都用无可奈何的心态去面对，那我的女儿看到这样的妈妈，也无法对自己身为女孩来到这世上而感到喜悦，更无法相信自己有能力、有自由挥洒的空间，活出生命最美好的价值了。

虽然有了思考自由也努力让自己自由的念头，但是看着怀里的女儿，突然意识到："就是现在，已经不能再迟了！"我必须从现在开始就努力做好这件事情，为了给女儿一个榜样，也为了自己接下来的人生。

在女人最忙碌的人生阶段，别人会用好妈妈、好儿媳、好女儿、好太太的角色期待来看待你，而你自己也不自觉地优先考虑他人的要求，无形中增加了很多压力，常常忘记了在这些角色以外还应该有属于自己的生活。

即便如此，一定还是有"可以实现的自由"。

如果连我都能这样自我提醒并且努力实践，不用所谓"女人"的角色来自我约束，而是活出真实的自我，那么，与我不同时代的女儿，一定会过得比我更自由、更能拥有"做自己"的幸福吧！

Chapter 1

放下自己内心的『别人』

■ 放下自己内心的"别人"

人只要不是独处，就一定是在某人的目光下，因此社会里的每个成员就像监狱里的囚犯，会随时注意着自己的行为，知道一旦逾矩就会受到惩罚，所以会自我约束，也因此失去自由。

当我想到自由时，第一件想到的事情便是放下期待。因为期待就是束缚，不只别人对你的期待是一种束缚，自己对自己的期待有时也是一种不必要的限制。

学社会学的时候，我非常喜欢福柯的一个理论，这个理论引自边沁的设计，所以非常生动，活灵活现，好像在看电影剧本一样，只是读着文字叙述，就会觉得画面浮现在脑海里。

这个理论就是"全景敞视"（Panopticon），也有人翻译成"圆形监狱"，对人文社会学科的学生来说这个概念并不陌生，它描述的是囚犯们被关在一个由中央的瞭望塔和四周呈环形分布的囚室组成的监狱中，每个囚室都有两扇窗户，一扇朝向瞭望塔，一扇背对瞭望塔，以便通光，而狱卒就站在监狱中央的瞭望塔中，随时都可以监视囚犯的行为。

狱卒看得见囚犯的一举一动，连最微小的都不放过；而囚犯却看不见狱卒，也不知道狱卒还在不在塔里，究竟在观察谁。

后米有很多研究都引用了这个设计，像是对权力、隐私、自由的探讨，福柯更进一步把这个设计用于整个现代社会——人只要不是独处，就一定是在某人的目光下，因此社会里的每个成员就像监狱里的囚犯，会随时注意着自己的行为，知道一旦逾矩就会受到惩罚，所以会自我约束，也因此失去自由。

■ 穿衣服要有"妈妈的样子"？

　　我们都是自己的狱卒，也是自己的囚犯，从生活琐事到人生选择，都会考虑别人的看法。然后，当我们可以预测甚至亲身经历别人的要求跟自己真正想要的并不一致时，便会感受到被束缚的压力和左右为难。

　　人只有在独处的时候才有自由吧，我时常这样想，也难怪我这么热爱独处，可以不用在乎别人，只做自己想做的事。

　　但是，在我迈入社会、结婚生子，进入人生另一个阶段之后，我突然体会到，就算是独处，人在面对选择的关头时，也像是长期被铁链捆绑后已经不懂得如何奔跑的野生动物一样，习惯限制自己，不让自己自由。

　　在做自己的事情时，考虑的很少是"自己真正想做的事情"，而是为了"自觉应该做的事情"而忙碌，这当中有些事情确实是责无旁贷，但也有很大一部分是自己给自己设下的限制和束缚。

一举一动都无法全然放松，即使是自己可以选择的时候，也总是会先想象"其他人会怎么想""换作他们会怎么做"，然后不自觉地服从了"大家都这么说""好像应该这样"，而不是做出自己单纯想要的选择。

举个生活中的例子，我在生完第一胎之后，和家人一起去商场，看上一件符合我个人喜好的连衣裙，没想到才拿起来往身上一比，家人就用怀疑的眼光看着我："当妈妈了还穿这样？"

我当时愣了一下，看了看镜中的自己。

因为还在哺乳期，所以我神情有点疲惫，裙子虽还穿得下，但身材终究没有以前苗条了。

忍不住转头问我先生："你觉得呢？穿成这样很奇怪吗？"

他说："你喜欢就喜欢，跟那有什么关系？"

虽然他这么说，但是我看来看去，越看越觉得不自在，没有办法再那么喜欢镜中的自己了。

只因为一句话我就把那件连衣裙放了回去。那句无心之言似乎唤起了我内心深处的羞耻，好像是我思虑不周，就算没有带小孩出门，在穿着打扮这方面还是应该考虑到自己已经是个妈妈了才对。

换作现在，我会跟先生说一样的话——喜欢就喜欢，跟那有什么关系？

但是"都当……了还……"这样的句子仿佛是个魔咒，凸显了当一个人的身份转变时，别人看你的目光、对你的期待和要求都不同了。

比方说，都当妈妈了，还只想出去玩；都当妈妈了，还穿这么短；都当妈妈了，还这么自私……类似的句子写也写不完，说明这个社会对妈妈有很多的想象，认为妈妈就是应该放下自我，无论过去的她喜欢哪些事情，生完孩子的她就不应该优先考虑自己。

我偶尔在挑选衣服的时候，还是会不由自主地想，这是不是一件"适合妈妈"的衣服？不是因为要照顾小孩，款式必须简单方便，而是因为担心别人会窃窃私语："这人到底知不知道自己是妈妈了？"

这就是我内心的全景敞视，我给自己设下的圆形监狱。在没有人看见，或者即使有人看见、有人评价但其实我并不需要那么在乎的时候，我还是像一个狱卒那样监视着自己的选择，想要符合这个社会给妈妈设定的标准，以及在外表上对妈妈的要求。

就算现在有一种相反的潮流，是鼓励和赞美那些"一点都不像妈妈"的妈妈，比如说，产后没几天身材就恢复得像青春少女、一点也没胖或当妈了还有逆天长腿等，比起"妈妈就是应该朴素一点、少露一点"的成见，这个潮流更给女人造成了产后连伤口都还没恢复，就急于恢复身材的压力。

这两者都是一种社会期待，并不是给女人"自己觉得好就好"的自由，而是这个社会加在母亲、女人身上，觉得女人"当妈了就应该怎样怎样"的限制和束缚。

觉得女人婚后当了妈妈就应该穿着朴素，变胖也没什么大不了的；或者相反，觉得女人即使已婚已育也要重视自己的魅力，"这样才算得上是个女人"。

这些看法只是表面上有所差异，本质上却完全相同，重要的不是女人自己觉得好看或舒服，而是别人"自觉有资格"可以评头论足，为女人贴上"太爱漂亮"或者"自我放纵所以变成丑女人"的标签。

我在选择衣服时因此束手束脚，即使没有别人在我旁边指指点点，还是会担心"别人"会怎么看待我、会不会觉得我很奇怪，由此可见我们就连挑选衣服这样的一件小事，也不给自己一个"自由人"的自由。

我们都是自己的狱卒，也是自己的囚犯，从生活琐事到人生选择，都会考虑到别人的看法。然后，当我们可以预测甚至亲身经历别人的要求跟自己真正想要的并不一致时，便会感受到被束缚的压力和左右为难。

三十岁之后，我开始思考这些束缚究竟是否必要。三十岁以前，我还会享受别人因为我配合标准，而给予我的赞美和奖励。但现在的我开始思考，当别人用非常狭隘的眼光看你，觉得你是女人、是母亲就应该怎么做、怎么选择的时候，一旦我真的按照别人的标准去做了，究竟能不能得到自己真正想要的结果。

如果我不去遵守别人设定的标准会怎么样呢？究竟会有多严重的"惩罚"？

如果被别人批评不是个好女人、好母亲、好妻子或好儿媳就是一种惩罚，这种惩罚所带来的痛苦，会大于我勉强自己做不想做的事而放弃自由的痛苦吗？

我想要做那个给自己最多自由的人，无论是生活琐事，还是人生的重大选择，因为这样的自由别人并不会给我。相反，这个世间有太多的人，乐于对别人的生活指指点点，认定他们自己有批评女人、为女人"打分数"的自由。

我必须从我自己开始，把那些存在于内心的别人放下，告诉自己不要优先考虑别人希望我怎么做，而要考虑自己想做什么。

这是我可以，也应该给我自己的自由。

■ 就算想要拒绝，也怕别人不能接受

　　我想女人多少都有这样的倾向，就是做决定时会担心"别人会怎么看我"，特别是那些与我们关系亲近的人，我们会担心自己的决定对彼此的关系产生负面影响。

　　婚后和另一半朝夕相处，我才发现男人和女人在行事风格上如此不同，男人总是先想"我想做什么"，而女人总是先想"别人会希望我怎么做"。

　　就以家族聚会来说吧。我会为了逢年过节、长辈生日等事情而烦恼，即使忙碌也不敢推辞家族聚会，平常就没有住在一起，如果连聚会也不参加，别人可能会觉得我太冷漠、太难以亲近了……

　　但是，我先生则总是先考虑自己当下的状况，如果工作

上连日忙碌、周末不想出门，他就会很干脆地拒绝别人的邀约。我问他："你有没有跟他们说明理由呢？"他还反问我："需要理由吗？"

如果是我的话，拒绝别人时一定会做出解释，根本原因还是担心别人不能谅解，怕别人会觉得我是自私冷漠的人。但先生就是这样理直气壮："需要在乎别人怎么想吗？如果他们会这样想，就让他们去想吧，我自己知道不就好了？"

真是令人羡慕的潇洒啊！我从一开始的惊讶，到后来已经是崇拜了。

因为那跟我从小受到的教育实在是天差地别，我做每一件事情，特别是要拒绝别人、无法配合别人时，身旁的人很少会坦然接受，总是会问"为什么"，让我觉得每件事情都需要解释，即使解释了，也总是担心对方不能谅解我。

但是，从我先生身上我看到的是不同的态度——我不想就是不想，不需要解释，也不需要别人的认同。

虽然我不能代表全部的女人，但我想女人多少都有这样的倾向，那就是做决定时会担心"别人会怎么看我"，特别是那些与我们关系亲近的人，我们会担心自己的决定对彼此的关系产生负面影响。

我们会用这些想象来自我设限，所以在别人还没有开口前，就已经主动做出许多妥协，如果真的不能妥协时，我们便惴惴不安，生怕别人不能接受。

这种考虑别人的思考模式，几乎已经是全自动化了，所以很难在第一时间就加以破除。但是，当我思考什么是"自己可以实现的自由"时，首先想到的就是：要摆脱这些别人设下而自己照单全收的"要配合别人"的魔咒。

不为什么，就是因为我们每个人都有自己的情绪、喜好和想要的生活，别人不应该因为自己的期望就蛮横地干涉我们，要求我们配合。而且一旦我们不愿意，还要再三解释，一定要取得谅解或认同。

这种谅解是提出要求的人自认为有权给予或收回的，它暗示着"你本来就应该配合我"，所以他们才会认为自己有权知道你的理由，并且有权决定要不要"谅解"你。

一旦我们也认为自己有解释和取得同意的义务，就等于接受了不平等的暗示，认定了自己没有"以自己的意愿为优先"和"不需要向别人解释"的自由。

■ "怎么有这么不贴心的女儿？"

自己的判断变成次要，更重要的是获得别人的肯定和好评，听父母反复说着"不然别人会觉得你……"长大的女人，会更容易在心里把自己分裂成两个人，用别人对她的"满意度"来评价自己。

女人总是会担心别人对自己的看法，可能源于父母一些特定的说话内容和方式，这些长久下来变成一种暗示，让女孩在每件事情上都先考虑"别人会希望我怎么做"。

比如，小时候父母可能会说"不要这样，否则别人会觉得你没礼貌"；再大一点儿或者成年以后，可能会说"你不要那么晚回家，否则别人会以为你很爱玩"；如果经常让不同的异性朋友接送回家，就可能会说"你这样被看到，别人会觉得你的男女关系很复杂"……如此这般，一边对女孩的行为设下限制和禁止，一边说明理由，即她的一举一动都会影响自己在别人眼中的形象，影响别人对她的看法。

比起男孩来，父母对女孩的"形象"更加重视。更准确地说，父母总是认为男孩皮一点儿、粗鲁一点儿、没礼貌甚至自私一点儿，无论在自己或他人眼中都只是"男孩本色"；而女孩如果在别人眼中不是乖巧有礼、和他人相处时不被评价为温柔贴心，父母就会认为这是必须修正和改善的，这会牵涉到女孩的"家教"，也就是父母的教育正确与否。

于是，许许多多的"别人"通过那一再强调的"不要让别人觉得你……"的叮咛，深植在女孩的心中，即使她长大成人后也无法摆脱，只要看到别人脸色不悦，就开始怀疑自己是不是做得不够，或是哪里犯错了。

形象的建立，并不只是做做表面功夫那样轻松，父母对女孩的要求更细致到具体的行为。

比如，女孩子是不是乐意帮助别人，特别是在别人还没有开口时，就能主动察觉对方的需要；能不能为别人付出情绪劳动，在别人情绪失控的时候，懂不懂得打圆场或善意地包容；女孩子不可以轻易地"不原谅别人"，因为这暗示着她的个性不够宽容……总之，女孩的这些行为表现，父母都会特别重视，而培养的方式不只是正面鼓励，更多的是指责和批评。

比如，家里有人做家务，女孩若是坐着不动，就会被念

"都不帮忙"，而换作男孩，则可能跟他们的父亲一样被允许坐在那里，享受家人提供的服务。

又比如，遇到重要节日或家人生日的时候，父母可能会期望收到孩子的礼物和卡片。男孩如果没有做到，父母只会说"儿子就是这样"；女孩如果疏忽，就会被批评"怎么有你这么不贴心的女儿"。

虽然现在"男女平等"的口号不绝于耳，但口号终归是口号，当父母指责女儿时，就算再怎么强调自己对儿女一视同仁，还是可以从他们对儿女不同的态度中发现：儿子被认为可以被动地享受别人的付出，做事也可以被动地等待别人要求；女儿则被期待要主动，不用别人说，也要"知道自己该做什么"。

"比较贴心"的女儿才算得上是"合格的"女儿，在这种性别角色差异化的教育方式下长大的女孩，总是在担心自己做得不够多、不够好，担心犯下不够贴心的错误；而男孩只要做到回应别人的要求，就能够心安理得地接受他人的赞美，即使拒绝回应别人的期待，也能够觉得自己"没有亏欠别人什么"。

自己的判断和别人的要求

成为母亲后，我对性别化的教育特别感兴趣。我发现那些不限于女孩但是对女孩更常使用的教育方式和训诫，都会让女孩更加重视、在意别人的评价，从而忽视了自己的感受和判断。

比方说，"不要这样，否则别人会觉得你没礼貌"。事实上，"自己没礼貌"和"别人觉得你没礼貌"是两回事，每个人对礼貌都有不同的标准。然而，父母对女孩的这种提醒，把别人的评价和个人美德绑在一起，让女孩觉得自己有礼貌还远远不够，只要别人不认同，就不能过得心安理得。

自己的判断变成次要，更重要的是获得别人的肯定和好评，听父母反复说着"不然别人会觉得你……"长大的女人，会更容易在心里把自己分裂成两个人，用别人对她的"满意度"来评价自己。

这个"别人"可能是婆婆、妈妈、丈夫、朋友、孩子，甚至是路人甲，这些人在女人的心里就像圆形监狱里进行监视的狱卒，不断检查"自己"这个囚犯，越是被夸赞懂事、合群、做事周到的女孩其实越擅长自我检查，把别人的评价看得比自己的判断还重。

相对而言，男人从小就被鼓励做自己了。

因为从社会到家庭，整体的氛围都认为自信无畏、勇于表现与他人不同、以自我为中心是一种男子气概，既然是"男人的特质"，很自然地，男人就更敢于拒绝别人。

"没什么好怕的！""男孩子就是要勇敢！"这种教育方式虽然也会对性格敏感的男孩造成压力，但是换个角度来看，也让男孩的"不合群"变得值得鼓励。男孩对事情有自己的想法，会被肯定为一种领导气质；女孩对事情有自己的主张，不愿意配合别人，却会被批评为太有主见、霸道、不好相处。

　　就像所有童话故事里对女主角性格的刻画一样，女人从小被要求具备的美德是善良，而不是勇敢。善良意味着要时刻替别人着想，从别人的角度出发，而不是自己认为好就够了。

　　女人被期待能从对方的角度来判断自己的行为是否符合对方的标准。如果女人不优先考虑他人的想法和感受，就是以自我为中心，就是自私自利。

　　这种把"自我"视同"自私"的刻板印象，让女人在可以做自己时仍踌躇不前，更不用说是在人们认为她不应该做自己，而应该配合他人期待的时候。

■ 灰姑娘的心态：等待别人发现她的善良

灰姑娘连在自己家里都不去争取公平，还认为那是一种美德。相信了这个童话故事的女孩，长大后也会不敢拒绝别人，只会默默期待着自己的忍让和善良终有一天会感动别人而获得好报，从而变成现实中的灰姑娘吧。

以灰姑娘的故事为例，她被继母和姐姐不公平地对待，独自一人住在破旧的阁楼里，要打扫房子，还要洗全家人的衣服。

小时候我很喜欢这个故事，觉得灰姑娘穿上水晶鞋之后终于扬眉吐气，变成真正的公主；但是长大后，我觉得这个故事很可怕，如果没有人发现她是那双水晶鞋的真正主人，那么她就要一辈子被关在阁楼里，做全家人的用人了。

灰姑娘所住的房子，也是全家人都在住的，三餐也是每个人都要吃的，而其他家人却把全部的家务都推给灰姑娘。灰姑娘不只是做了，童话里竟然还强调："因为她心地善良，所以一点也不计较。"

追求公平都变成了"计较"？不"计较"的灰姑娘，一如既往地对继母和姐姐们好，漂亮的衣服被撕破了也只知道哭……而动画里最令我印象深刻的片段是，她修补着破旧的衣服、面对做不完的家务，竟然还心情愉悦地哼着歌，身边都是因为她的"心地善良"而主动靠近她、帮助她的可爱动物。

像这样默默地承担着谁都不想做的事，任劳任怨地接受其他人对她的不公平对待，最终一定会"好心有好报"，得到和王子在一起的幸福结局，这就是女孩们从小到大听到的故事。也难怪女人很少立志要从事改革、争取自由，而是生怕自己有一点点抗议就代表自己是个不善良、爱计较，因此也不会有好结果的女人了。

灰姑娘连在自己的家里都不去争取公平，还认为那是一种美德。相信了这个童话故事的女孩，长大后也会不敢拒绝别人，只会默默期待着自己的忍让和善良终有一天会感动别人而获得好报，从而变成现实中的灰姑娘吧。

然而，现实和童话有着天壤之别。现实是善良不一定有好报，隐忍更不可能换来别人的感动和感激。能够最终实现自己愿望的人，通常都是那些勇于争取也勇于反抗不公平待遇的人。

童话故事在本质上就是一种人生观的暗示。与男孩听着不同的童话、以不同的方式被教育长大的女孩，相信贴心、善良和不求回报会为自己的人生带来更好的结果。于是，她总是选择默默付出，不敢争取自己最想要的，而是等待别人的给予；她生怕别人觉得自己不贴心、不善良，每当别人提出要求时，就会同意或是主动做出妥协。如果一直等不到别人发现她很善良，或者说没有人因为她的妥协和成全而给予她一直暗自期待的回报，她要么只能逼自己更善良一点、更主动一点去为别人付出，要么会因为无法忍受别人的漠视而最终爆发怨恨。

在现实生活中，我们无法像灰姑娘那样，只要被动地等待就会有别人来拯救，也不可能生活得宛如童话故事，不去争取，就会得到自己渴望的结果。

男人不能理解女人不敢做自己、害怕被视为自私的心理压力和担忧，就是因为他们在童话中的角色不是探险家就是王子，向来都知道是勇气、自信和主动追求的意志，为他们带来了想要的结果。

女人也应该重新审视自己内心的童话，消除那些故事留在我们心中的对于人生不切实际的想象，不要在生活中不知不觉地扮演灰姑娘的角色，打破善良是幸福之钥的幻觉，告诉自己只有勇敢和无畏，才能实现自己想要的幸福。

■ 成为母亲，让我开始学习相信自己

我发现，自己身为母亲，如果还想每件事情都以别人的感受为优先，就会和我做母亲的自我期待发生冲突。

三十岁成为母亲后，我才开始学习放下别人施与的压力和束缚。

一方面是旁观着先生坦然做自己的态度，发现做自己并不像我所害怕的那样，会受到被排斥的惩罚。职场生活当然另当别论，但是先生在私人关系上一直坚持合则聚、不合则散的原则，久而久之，别人也知道他就是这样的人，也能自然地接受了。

相反，我做事总是束手束脚，担心别人会生气而处处顾虑，想要让所有人都满意，结果却是连我最亲近的家人有时

都无法体谅我，觉得我是个不贴心、不善解人意的女儿。这是我的切身之痛，所以我开始学习重视自己的想法。即使我顾全大局也未必能让别人体会我的心意，那么，我也不想再弄巧成拙，伤害彼此的关系。

而另一方面，让我觉得必须做些改变的原因，就是我成为母亲了。我发现，自己身为母亲，如果还想每件事情都以别人的感受为优先，就会和我做母亲的自我期待发生冲突。

母亲必须优先考虑孩子的安全和教育，这让我不得不鼓起勇气拒绝别人。如果我还像过去一样害怕拒绝，凡事都做到"合群、贴心、不破坏气氛"，那么我就成了一个不够尽责、没有把孩子放在第一位的母亲了。

具体来说，像在家族聚会的时候，有人用我认为不正确的方式对待孩子，比如喂还没长牙的孩子吃零食、骑摩托车时让孩子站在前踏板上等，如果是以前发生了我不认同的事情时，我会睁一只眼闭一只眼，以免别人觉得我破坏气氛或"不尊重长辈"，但是现在的我为了孩子的健康和安全，只要是我认为不正确的事情，就一定会用言语或行动制止。

这当然也会让相处的气氛变得不好，长辈会批评我小题大做、紧张兮兮，但我不能因为这样的压力妥协，因为孩子是我的责任，我必须保护自己的孩子。

就这样，我开始学习重视自己的想法和判断，毕竟孩子的主要负责人是我，不是其他家人或祖父母，所以我不能一味顺从别人的要求。我必须自由地成为我想成为的那种母亲，既然是我负责的事情，我就应该有选择的自由。

当然，我没办法每一次都做得很好，偶尔也会因为被别人讨厌、批评，甚至被指责不尊重长辈、没大没小、不孝顺等而感到伤心难过……即便是这样，也要不断练习，去捍卫自己的想法，实践自己的自由。

具体要怎么做呢？就是在每次做选择时，只要想到别人会不满意，或是正面受到别人不满意的压力，就提醒自己："这件事本质上跟别人无关，是我自己负责。"因为责任自负，所以只要考虑自己想怎么做就可以了。

不仅是在履行身为母亲的职责时，还包括人生的方方面面，作为自己人生的负责人，我们都应该知道，自己的想法才是最重要的。

迈入社会以后，我们就是真正的成年人了，可以选择自己喜欢的打扮，听喜欢的音乐，做喜欢的工作，过喜欢的生活；同理，我们也可以拒绝不喜欢、不认同的事情，不管别人认不认同。

当我们按照自己的价值观和责任感做出选择之后，面对别人不认同的压力，也要有勇气去克服。该冲突的时候就要冲突，必须放下"女人就是要好相处"这种不公平的成见和束缚，否则，我们就无法对自己和对自己来说重要的人事物负责。

我们应该学习身边的男人们，学习忠于自我，因为忠于自我所以能够问心无愧，尽管有些时候，他们确实是太过我行我素。

但是被别人认为太过自我，就是自由的代价。为了在有限的人生中过得自由，也为了对重要的人事物尽到责任，就要放下心中的"别人"，努力实现"为自己负责"的自由。

■ 有责任，就有选择的权利，就有自由

无论男女，每个人都要对自己的人生负责，而女人却常被要求要配合别人，要听从别人的意见和安排。但这些强调"要听我的话"的别人，却不会在事情发生后勇于承担他们当初插手干涉的责任。

做每件事情都优先考虑别人的女人，可能很难分辨哪些事情是自己可以决定的，哪些则需要考虑别人的立场。所以突然要女人只考虑自己，她们就会有些不知所措。

感到没有把握，怀疑自己是否有些自私时，有一个方法可以多加练习——思考这件事情是谁的责任。

因为责任和自由是一体两面，如果是自己负责的范围，不管别人怎么说，自己都应该有选择的权利，换言之，就是有选择的自由。

在生活中不会为我们负责的人，其实都是别人。即使关系亲密，只要考虑到事情的权责划分，就会明白他们管得太多——他们仅从自己的角度出发，不断对女人提出意见，不断说着女人就应该如何、母亲就应该如何，女儿、儿媳、妻子就应该如何……有时还夹带着"不然就会……"的情绪勒索。但是，当你真的满足了他们的要求，他们也不会对由此产生的后果负责，因为你的生活只能由你个人来负责。

我有个朋友曾经对公婆说，希望公婆在开车时让孩子坐安全座椅，而公婆却愤怒地说："我们是孩子的祖父母，难道会害孩子吗？"无论如何都听不进她"要遵守交通规则"的请求。

后来，她跟公婆不欢而散，因为她说："万一孩子出了交通意外变成植物人，难道祖父母会代替父母照顾他一辈子吗？"

同为母亲，我赞赏她的勇气和坚持，也敬佩她在面对长辈的压力下，仍然捍卫了自己身为母亲的自由，而且她也很清楚这件事情的重点不是谁对谁错、谁小题大做，而是在于权责的划分——谁为事情的风险负责，谁就有选择的自由。

善良贴心的女人必须时时考虑别人的心情，要始终表现出温柔体贴的样子……这种形象范本通过广告、影视剧、媒体舆论等大肆宣传，不断对人们进行洗脑和暗示，于是你会在广告里看到优雅做菜的女人、面带笑容为家人洗衣煮饭的女人，以及逢年过节时回到婆家，仿佛原本就是这个家里的人一样，毫无违和感地融入这一家子其乐融融的女人。

看得多了就会发现女人形象大多无法突破这个范围，而自信勇敢地开着越野车、独自攀登世界高峰、功成名就后享受名酒和鉴赏名表的总是男人，这些情节传达出的信息就是女人该如何、男人又该如何。

但其实无论男女，每个人都要对自己的人生负责，而女人却常被要求要配合别人，要听从别人的意见和安排，有自己的想法而不愿意听从的，就算不上是一个好女儿、好妻子、好儿媳。但这些强调"要听我的话"的别人，却不会在事情发生后勇于承担他们当初插手干涉的责任。

所以捍卫自己的自由，并不是一种不负责任的生活方式，而是让其他人了解你的边界，哪些事情是你的责任，他们就应该闭嘴，尊重并认可你拥有决定的自由。

Chapter 2

可以实现的自由

■ 真正的善良，不会养大别人自私的胃口

每个人的感受和需求，只由自己负责。可以期待别人帮忙，但这种帮助只能是礼尚往来，而不是别人的义务。

对女人来说，很难只考虑自己，因为除了要为自己的选择负责，处理好与他人之间的关系也被女人当成了自己的责任。就算理智上知道不可能与所有人都维持良好的关系，却也无法轻易地放弃，越是亲近的私人关系，就越是在乎对方的感受，想要获得更多的好感和认同。

"既然我是对方的妻子／母亲／女儿／儿媳，就应该顾及对方的想法，不能只顾自己吧？"很多女人都有这样的困惑，觉得自己既然是对方的谁谁谁，就"有责任"顾及对方的感受。但是，这并不代表着要无条件满足别人的要求。真正善

良的人懂得适可而止，不会养大别人自私的胃口。

我们不能忘记，女人的各种角色义务，原本都是建立在性别不平等的社会结构上。因此当其他人说"这是你做妻子／母亲／女儿／儿媳的责任和义务"时，其本质就是一种不平等的关系，它规定女人要付出更多，并且不应该期待回报。所以，这种不平等关系的既得利益者，会常常把这样的句子挂在嘴边，让女人怀疑自我，以为坚持自我就是不负责任、不尽义务。

然而，在真正平等的人际关系中，任何人都没有责任"无条件满足所有人的需求"。每个人的感受和需求，只由自己负责。可以期待别人帮忙，但这种帮助只能是礼尚往来，而不是别人的义务。

人必须先对自己负责，才能够真正维持好一段关系，所以要小心那些"你是……就应该……"的说法，这通常只是对方以责任的名义，在控制我们的生活。维持关系的和谐、相互尊重，本来就应该由双方共同负责。没有哪一种人际关系，是女人要单方面承担的义务，而另一方毫无任何付出的责任，只需要被动地享受女人的顺从。

最重要的，是你与自己的关系

女人太渴望拥有良好的人际关系了。所以像是《聪明的女人会撒娇》《懂老公的女人最幸福》……坊间教导女人怎样更有智慧地沟通、更有效地操控人心的书籍比比皆是，就是因为女人特别害怕在与人相处时产生冲突，所以想学会聪明又圆融的沟通方式，和其他人维持和谐的关系。

但是如果沉浸其中，往往就会忽略真实的自我。这就如同站在窗边欣赏着窗外的风景，却忘记了真正能让自己感到安适自在的并不是风景，而是自己身在其中的这栋房子。

我们应该优先了解自己，了解自己真实的愿望和需求。比起巧妙地说话和操控人心，懂得与自己对话的人，才真正懂得如何与他人沟通。

就像作词人林夕曾经在采访中说过："一个人无法独处，怎么相处？无法自爱，怎么爱人？"一个人最重要的人际关系，应该是和自己的关系，独处时是否感到自在，是否真心地接纳自己、了解自己。

一个不了解自己的人会盲目地顺从别人，看似以人际关系的和谐为优先，实际上却会因为别人的回应不如预期而陷入内心的冲突，最终让关系变得紧张，失去了原本追求的和谐。

而了解自己的人不会去做自己无法承担的事情，会考虑自己的能力适合与否，更重要的是会先确认自己的意愿，不会为了追求"好女人"的名声而勉强自己。

乍看之下，把自己的意愿放在第一位是自私，而实际上，只有重视自己的意愿和感受的人，才能同样尊重别人的意愿和感受。反之，很可能在当下看似无怨无悔地付出，事后却以此不断向别人追讨人情。因为觉得自己当初是为了别人的需求才不得不去做，所以当自己有需求时，也会很自然地认为是对方应该回报的时候了。如果对方没有"礼尚往来"的想法，就会为了翻不完的旧账而痛苦。

■ 好女儿、好妻子、好儿媳、好妈妈……
这些绑住女人一生的"好评"

理智看待其他人的认同，区分哪些是别人的期望，哪些是自己真心想做的事情，同时要清楚地知道，想要做自己，就不可能讨好所有人。

曾经有个女明星在结婚后被大赞"真是个好儿媳"，原因是她即使工作再忙，甚至拍戏到凌晨两三点才回家，也会在早上七点半起床为公婆准备早餐。"也难怪公婆对她赞不绝口，身旁的人直呼公婆有福。"媒体对这件事情如此评论道。

但是我却忍不住想，说着"因为她做得这么好，所以被公婆当成女儿一样疼爱"的记者，就没有发现这其中的矛盾吗？

如果真的把儿媳当成自家人、视为亲闺女一样心疼、照顾，那么既然知道她工作到凌晨才回家，就应该舍不得让她早起、拖着疲惫的身体为自己准备早餐吧。

儿子结婚以前，公婆应该也是自己准备早餐，但在儿子婚后突然变得有所期待，希望儿媳替他们准备，"这样才叫作好儿媳"，也代表自己有福气，得到一个好儿媳了。

这段所谓"佳话"却让我看得心酸。如果连事业有成的女明星都必须这么做，无论是她自己觉得应该，还是被他人要求，都让我觉得女人的"好"是建立在牺牲和付出上的，周围的人不只不会体谅她的辛苦，还鼓励她继续维持。

比起男人无论扮演了什么样的角色，都被允许保有更多的个性，以及自己待人接物的方式，女人则更常被要求扮演这些角色的"理想范本"，就像那些广告、电视剧、媒体舆论里常出现的好女儿、好妻子、好儿媳和好妈妈，这些严苛的标准让女人疲于奔命，渐渐忘记了自己是谁，也忘记了活出真实的自己才是人生最大的幸福。

扮演这些角色的同时，又要实现属于自己的自由，毫无疑问地更考验女人的智慧。这种智慧不是追求做好每一件事情，也不是强调要跟所有人都相处融洽，而要理智看待其他人的认同，区分哪些是别人的期望，哪些是自己真心想做的事情，同时要清楚地知道，想要做自己，就不可能讨好所有人。

有时候，对于这些"好评"的追求，也是因为想要得到别人的爱。把自己的存在价值全部建立在"爱与被爱"这件事情上的女人，把爱情看得比自己还重要，以为所谓"爱"就是满足对方，让对方感到幸福快乐。但是，用委屈自己来维持的关系又有什么幸福可言呢？

许多人以为追求别人的标准、努力获得对方的好评、实现对方心中的理想，对方就会以同等的方式作为回报。然而现实却是，对事情没有自己的判断标准的人，不会被当成值得喜欢的对象，反而会被当成空气，虽然生活中不可或缺，但是没有为自己发声的地位和权利。

不能自爱，何以被爱，何以爱人？这种"无私的付出"最后只会换得失去自我，也不被他人尊重的下场。

不被当作"独立的个体"来看待的女人

那些女人的角色，常常都是关系中另一方的附属。比如，所谓"好儿媳"就是要孝顺公婆、以夫家为重、以丈夫优先；所谓"好妻子"就是入得厨房、出得厅堂……这些理想的角色本质上都被认定要辅助另一方，比如公婆、丈夫。

然而，与职场员工辅助他人的工作会获得固定报酬这种情况不同，在家里扮演好这些"女人的角色"被认为是理所应当的，所以也不会收到额外的肯定或回报。

当个"好女人"就会被爱和被尊重吗？事实上，真正受到喜爱和尊重的，却往往是那些一开始就选择捍卫自我的人。

日本女作家曾野绫子曾经提到，当妻子过了中年，时常会被丈夫认为是家里的家具。有外遇的男人并不是想要离开妻子，而是人怎么会跟家具谈感情呢？

和自己共同生活的妻子就像家具一样不可或缺，但是也跟家具一样是理所当然的存在，家具只有在突然坏了或消失时才让人感到不便，但不会被尊重并且珍惜。

所以捍卫自己的自由并不是自私，某方面来说，也是在提醒对方："我是一个独立的人，我有自己的想法和意志。"那种认定其中一方只有配合义务的关系，并不是真正的"人际关系"，而是人与工具、人与物的关系。

为了不被当作任由使唤的物品，女人要珍惜自己的自由，不要被"好女人"的形象洗脑，要知道扮演对方心中的形象并不是你的责任，人际关系也不会因为你单方面的配合，就换来你期待的结果。

作为一个人，你的责任是无愧于自己；而作为关系中的一方，你的责任是与对方平等而相互尊重的互动。

你能够把握的是真心诚意地与对方相处，问心无愧地尽到你认为应尽的责任，至于对方是不是也认为你做得够好、满不满意你的选择，那就不是你能负责的事情了。

■ 害怕做自己，就只能被他人勒索

你捍卫自由的每一步其实都环环相扣，如果第一步你选择了放弃，下一步要重新争取回来就会更加困难。

许多女人深陷他人的情绪勒索，在面对父母、手足、公婆或丈夫时，只要对方拿断绝关系来威胁，批评想要做自己的女人"实在很自私"，暗示她"不配拥有幸福"，就会让女人惶恐不安，内心产生动摇和自我怀疑。

因为被教导不可以心里只顾自己，要随时考虑别人，所以害怕做自己成了女人的通病，即使是可以自己做选择的事情，也会害怕去做忠于自我但不知道别人会怎么想的选择。所以习惯去做别人希望或暗示她们去做的事，换言之，她们害怕要自己承担选择的后果，而放弃了自由。

只要觉得自己的想法和对方的不同，就害怕自己变成一个自私的人，所以在潜意识中压抑自己的愿望，说着"我也想……但是……所以没办法"，放弃了做自己的自由和权利，只求维持关系的和谐。

然而，放弃自由就能够换来真正的和谐吗？现实往往相反。那些习惯了控制、勒索别人的人，有着一颗黑洞般无法填满的内心，一旦你接受了他们的勒索，他们就会认定，在关系中无条件配合本来就是你的责任。如果哪一次你终于忍无可忍地抗拒，他们就会立刻猛烈地攻击和打压你。

就像有些人无法拒绝陪公婆一起去庙里烧香拜佛，即使自己的信仰不同，也说服自己"这只是小事"，结果付出自己宝贵的休息时间不说，这种勉强自己所换来的和平也只是暂时的。

在有了孩子之后，被迷信的公婆要求给小孩喝符水，而自己的拒绝却引起对方的愤怒，因为你过去从不表达对这类信仰的排斥，如今你突然表达了，对方只会有被欺骗和背叛的感受。他们不会认为你过去的配合是为了他们，而会觉得你本来就赞同的事情为什么突然反悔。你捍卫自由的每一步其实都环环相扣，如果第一步选择了放弃，下一步要重新争取回来就会更加困难。

而如果你一开始就选择忠于自己，表达你不愿意参与不同信仰的意愿，即使双方一开始有所冲突，但只要你坚持到底，对方也会因为了解了你坚定的态度而放弃。

压迫时常是我们在一开始不够果断和坚决，因为害怕冲突而敷衍应对的结果，对方会因为我们的态度不明确，表现得像是可以被说服或操控，而施与更大的压力。

虽然我们会期待人与人之间能够互相尊重，但对于某些人来说，尊重并不是自然产生的。你在应对他们的时候，唯有态度坚定、不委屈自己去配合，他们才会后知后觉地意识到必须尊重你，也才会把你当成一个独立的人，而不是任由摆弄的棋子。

所以，你必须先坦诚地面对自己的感受和想法，不要自欺欺人地说没关系，也不要忽略内心的排斥。人生中最重要的理解和认可，都来源于自己。人和自己的关系是所有其他人际关系的基础，如果我们不能照顾好自己、为自己负责，我们也不可能照顾好任何人、为任何一段关系负起责任。

太多人把女人视为附属品了，认为好女人就是任劳任怨，没有自己的想法，也不会和别人产生矛盾。所以当别人把我们视为"女人"而不是独立的人、言语中带有"女人的美德就是善良和配合"的成见时，我们要有所警觉并且正确地做出回应。

我们要找回最初以一个新生婴儿的角色来到这世间，没有任何语言、文化的分别和束缚，成长唯一的目标就是要"成为独一无二的自己"的那份自由。

■ 并不是扮演理想的角色，
就能换来理想的人际关系

和对方意见不同时，很自然就会想到妥协，以为这是一种"顾全大局"的智慧或成熟。

俗话说"一个巴掌拍不响"，维护一段关系，需要双方共同努力，不会因为单方面的让步，就会得到好结果。然而，身为女人的我们却会因为对方说"你就配合一下啊"，而误以为只要这么做，就可以消除与对方的冲突。

让步看起来比坚持自我容易得多，从小被教导要合群、善良的女人，当然也不擅长、不喜欢与别人吵架，于是和对方意见不同时，很自然就会想到妥协，以为这是一种"顾全大局"的智慧或成熟。

比方说听到对方要求："儿媳过年就是要待在婆家，不可以初一就回娘家，就算初二回娘家，也是中午吃完饭就马上回来。"于是有些人明明和娘家住在不同县市，初二一早赶着早高峰回去，下午就要赶着晚高峰回到夫家，只因为"怕别人说闲话"，结果辛苦地赶来赶去，别人不会有丝毫的体谅。

还有些家庭甚至要求儿媳初二也留在婆家，帮婆婆准备小姑回来要吃的午餐。于是别人家的母女可以团圆，自己却还是在当婆家的儿媳妇。

想当好儿媳的女人在面对婆家的要求时，通常都不会拒绝，误以为只要这么做，就能换得"好儿媳"的认同。

毕竟一切都按照对方说的做了，不是吗？放弃回娘家团聚的机会，或者自己来回奔波，不管怎么样自己的辛苦付出对方都看在眼里，应该会高兴，认为我是个"好儿媳""好妻子"了吧？

放弃自由、不假思索地扮演"理想角色"的女人，误以为这样就能换来理想的人际关系，却没想到对方认为这是理所当然的，看到你在厨房忙进忙出，为大家煮饭洗碗切水果，对方跷着二郎腿在客厅当大爷，也没什么特别的赞美或肯定，可能还会得寸进尺地挑剔你饭煮得不好吃、动作不够利落……

你的无私付出对他们来说，恰好证明了"儿媳妇就是应该这样""女人就是应该这样"。你的逆来顺受不会让别人更喜欢你，只会在自己心中积累怨气。但你的抗议会让他们觉得莫名其妙："不是你自己答应的吗？有人逼你吗？"你以为自己主动付出，对方就会主动给予善意回报，但实际上你的主动只是给了对方什么都不做的借口，"是你自己愿意的"，何来回报之说？

之所以会有这样的结果，是因为双方的认知不同。当对方提出要求时，不管是明确地要求，还是迂回地暗示，女人误以为这是一种礼尚往来的交易，以为自己的奉献可以换来对方的好感、善意、认同或赞扬，又或者"这次我配合对方，下次我有需要的时候，对方也会配合我"。

然而，对方并没有这种想法，提出要求的时候，也只是在确认双方对于"儿媳妇该怎么过年"这件事情是否有共识。而你毫无异议的配合，就表示"你也认为"那就是你应该做的。所以既然双方都认为这是女人婚后的责任和义务，要以婆家过年的习惯和公婆的要求为优先。那么，你不做只会引来质疑，做了当然也不会有奖赏。

既然如此，你拿自己的自由换来了什么呢？除了让对方误解你，其他什么都没有得到。

真正的尊重，不是别人赏赐的礼物，而是人与人之间平等互惠的关系。所以，在讨论某些事情的时候，你要勇敢诚实地表达自己的想法和难处，对方才会了解你的意见和感受，才会知道你在让步，而给予你所期待的回报。

互相妥协、各让一步就是一种回报，这一次以对方为主，下一次以你为主，也是一种回报。总之，只有你先珍惜了自己的自由，对方才会承认你是一个自由人。

不要轻易放弃自己的选择权，才能建立平等的关系；也只有在平等的关系中，你所做的努力和付出，才会被对方重视，才有正面的意义和价值。

■ 自由，就是用自己认为正确的方式尽责

每个人都应该为自己的情绪负责，别人对你有期待很正常，但是你没有义务无条件地满足对方的期待。

很多女人误以为追求自由就是自私，把自由简化成"只做自己想做的事情"，而忽略了所谓"自由"也包括"对自己的选择负责"。

不管是母亲、妻子或是儿媳，这些角色都是有责任的，比如家人之间有彼此照顾的责任，父母有关心和教育孩子的责任。自由不是逃避责任、只做自己喜欢的事，而是"用自己认为正确的方式"尽到自己的责任。

就拿陪伴公婆这件事来说，即使他们不是自己的亲生父母，但是想到他们对丈夫的养育之恩，就会有种"毕竟是一

家人"的心情，也会希望他们不要生活得太寂寞。如果两个家庭分开住，那么在周末和假日，我们也觉得有责任回去探望或陪伴他们。

这未必是自己最喜欢、最想做的事，但尽到自己的责任是对家庭关系应有的付出，也会让人有踏实感。

当你尽到自己的责任之后，如果对方有更进一步的要求，对你有超乎你能力和意愿的期待，你就不用照单全收了。

比如，你觉得每个月见一两次面就足够了，而对方要求每周见一次或三天见一次，甚至每天都希望儿子和儿媳回家吃饭时，你还是要忠于本心地做出选择。

"我已经尽到应尽的责任，而让他们满意，并不是我的责任。"你要这样明确地告诉自己。如果对方因为被拒绝而生气或失望，你也不要因为害怕而退缩，要知道你已经做了自己该做的事情，而满足对方的更多需求，好达到对方心中"理想儿媳"的标准，并不是你的责任。

每个人都应该为自己的情绪负责，别人对你有期待很正常，但是你没有义务无条件地满足对方的期待。

如果你自认为的责任跟对方的期待刚好相符，谁也不觉得太多，谁也不觉得太少，那是一种难得而完美的巧合。但是世界上产生这种巧合的概率太小了。

你要习惯和接受这种落差——你达不到对方的期待，同样地，对方也不是你心中理想的样子。你只要问心无愧地尽到自认为应尽的责任，对方是否满意或认同，他是高兴还是失望，那就是他自己要负责的事情了。

每件事情都应该自己决定、自己负责

只要开始一段关系，即使别人不说，自己也会感觉到责任带来的压力。自由并不是没有责任义务也没有压力的状态，而是你有为自己做决定的权利，也有为自己负责的义务。

人际关系的压力往往不是来自这些责任和义务本身，而是来自我们让别人跨越了边界，替我们决定该做什么、该怎么做，违背了我们真正的意愿。而替我们决定的人，既不会为我们承担责任，也不会因为我们让出决定权就被我们自认为的牺牲所感动。

希望对方因此肯定我们，也是一种责任转嫁，把自己该负的责任转嫁到对方身上，让对方背负我们的期待，结果也注定是令人失望的。

在说起自己的母亲时，许多人都会提到母亲虽然对家人和孩子很好，却总是抱怨自己当初"为了家庭、为了孩子"多么辛苦地付出、放弃了多少大好机会……这种抱怨听得多了，孩子就会产生"自己好像不应该出生"的内疚，以为是自己剥夺了母亲的幸福。这就是一种无法为自己负责而伤害了亲子关系的态度。

为孩子付出是身为母亲的责任，并不是被孩子逼迫或要求，孩子又怎么能选择出生在哪呢？但是无法为自己的选择负责的人，就会不断要求孩子的回报，却又无法获得满足。

没有人能够弥补他人的人生。不断哀叹自己的人生"付出得很不值得"的母亲，就算对孩子有爱，也会因为纵容自己不负责任的态度，而伤害了亲子之间的感情。

真正懂得为自己负责的母亲，知道生下孩子是当初自己的选择，既然做了选择，就要对此负责。

■ 不管结婚还是不结婚，做决定时都要谨慎

因为另一半的个性、家庭、价值观的不同，在他身边做自己的难易程度也大不相同，如果有一个选择会"牵一发而动全身"，那一定就是对人生伴侣的选择了。

人生中有很多事情，一旦选择了就无法轻易回头，只能在这个选择的范围之中努力改善或修正，而结婚生子就是其中之一。

就算人生充满变数，离婚也似乎多到让人见怪不怪，婚姻这个选择如今看似变得很容易取消或重来，但也没有人是想着"总有一天要离婚"而结婚的。在决定结婚的当下，都有着"这是不能轻易反悔的"的觉悟。

"从此要和这个人好好在一起，一辈子守护家庭。"这样

的想法让我们结束了感情上的漂泊，有了法律上的约束，彼此也告别了"合则聚、不合则散"的自由状态了。

别人也会把你归为已婚人士，不管有没有小孩，都不再是可以轻易示爱的对象，更准确地说，不再有人会轻易地爱上我们，就算有婚外恋这种情况，但毕竟会让名誉受损，很少有人会主动去找这样的麻烦。如果在婚后突然有了想要自由恋爱的心情，那肯定是夫妻的感情出现问题，是一种警示，而绝非浪漫。

只是又过了几年我才明白，在自己还有些懵懂时做出的选择，其实会深刻地影响我们未来的生活——不只是下半辈子要和谁携手共度一生，还包括未来要背负的"母亲""儿媳""女儿"等角色要如何扮演。因为另一半的个性、家庭、价值观的不同，在他身边做自己的难易程度也大不相同，如果有个选择会"牵一发而动全身"，那一定就是对人生伴侣的选择了。

然而，人在面对选择时，很少能够想到"这是自由，要好好珍惜"，也总是在选择后才发现，人生的每一步都环环相扣，过去的选择又会对你今后的选择形成束缚。

"要好好珍惜现有的自由啊！"当我们对年轻人这么说的时候，他们可能会以为这句话的意思是要好好地玩、好好地享受人生，就像当年的我们自己。

然而这句话真正的意思是，要好好把握人生每个"可以做选择"的机会，因为每一个选择都意味着责任，要是不够谨慎，就可能在接下来的每个选择关头都左右为难。

如果你做不到随遇而安，还怀有很多理想和坚持，就可能会觉得自己是一步错步步错，因为当年一个轻率的选择，赔上了自己大半的人生。

现在回想自己的婚姻，我是觉得庆幸，其实很多事情当时都不懂，但从现状来看，当年还不算犯下了严重的错误，我并没有因为别人说该结婚了就去结婚，交往期间也尽力去观察对方的人品和性格。虽然还是有很多事情在婚后才会知道，但就像我们自己在婚后其实也会改变，同样地，对方也会和单身时有所不同。只要某些关键的部分没有动摇，结婚后耐心磨合、共同努力，还是能找到一个互相配合、共同成长的节奏。

人生并不是不可翻转的，这一点应该被强调。

有些女人会说，自己已经选择走进这个家庭，从此只能为自己当年的懵懂而悔恨流泪，但我总是想，即使再困难，追求自由也是值得的。

人生只有一次，就算必须延长奋斗的时间，只要最终能换来问心无愧的结局，当自己有能力走出过往的错误时，一定也能感到如释重负的轻松。

生养孩子虽然会限制女人的选择，因为母亲必须为孩子付出大量的时间、精力和资源，做选择时也不能只考虑自己；但同时这也锻炼了女人的意志，因为想要给孩子更好的生活、更多的选择机会，即使再困难也要努力改善现状，追求更好的人生。

可能性永远是存在的，只要我们相信自己、勇敢行动、努力坚持，在任何艰难的情境下，都有可以实现的自由。

■ 家庭事业两得意的是男人，两头烧的是你

身边许多当了全职妈妈的朋友，也包括我自己在内，都曾被质疑："那个谁谁谁不就是又有工作，又生了三个小孩。"言下之意，就是只能照顾小孩而不能同时赚钱的女人很没用。

如今的年轻男女，已经知道婚后还是要给彼此一点自由的空间，也懂得营造生活情趣，所以只要婚后还没有孩子、不和长辈同住，还是能过得像同居的情侣那样自由。但是有了孩子之后，情况就彻底不同了。

虽然当今社会对已婚妇女的限制比过去已经宽松了很多，女人婚后也可以出去工作，或者不做家务而请别人代劳，但是社会对于"母亲"这个角色的期待却没有丝毫放松，甚至变得更多、更复杂。

对"母职优先"的想象，与现今主流的个人主义相互冲突。个人主义强调每个人都是独立的个体，人生最重要的目标是获得个人成就，但是身为母亲却又必须把孩子放在第一位，不能尽情追求理想中的自我。于是女人的自我矛盾就产生了。

全职妈妈会感到焦虑，是因为周围的人都认为她"只需要带孩子"，贬低家务和育儿这类无酬劳动，全职妈妈明明很忙很累，却被当作毫无价值的人。

而职业女性的焦虑也不相上下，因为工作时必须全心投入，所以别人会说她"错过了孩子的成长""不想陪伴为什么还生孩子"，批评她是重视自己的前途远超过孩子幸福的"不负责任的母亲"……

现在被认为成功的女性，必须是合格的母亲，又在职场上有所成就。但孩子被认为是母亲一个人的责任，所以在职场上，她根本就无法像男人那样心无旁骛，总是有后顾之忧。

"女人必须兼顾事业和家庭"，这与其说赋予了女人在职场上奋斗的自由，不如说是增加了新的角色期待和压力——要求女性对家庭同时做出两种贡献，人力的和金钱的。

身边许多当了全职妈妈的朋友，也包括我自己在内，都曾被自己的母亲、婆婆或者丈夫质疑："那个谁谁谁不就是又有工作，又生了三个小孩。"言下之意就是只能照顾小孩而不能同时赚钱的女人很没用。

但是必须同时兼顾事业和家庭的压力，其实加深了女人对周围亲人的依赖，而不是独立自主。因为社会没有提供完善并值得信赖的托育机制，即使有邻里互助和托育机构，也满足不了全部的需求，所以她要想按时上班、专心工作，就不得不依赖其他的家人。

因此当女人的角色变成以"母亲"为主之后，她的人际关系就像一张突然收紧的网，以小孩为中心，家族中其他人都靠拢过来。

这时，他们对于"好女儿""好儿媳"的期待就集中到女人身上，必须维持"和谐的"关系才能得到协助的女人，也就难以拒绝对方"你要为我的情绪负责"的不合理要求和束缚。

不可能面面俱到，只求无愧于心

有个朋友在当全职妈妈时，每天都要看先生下班后的臭脸，理由是他上班很累，一个人工作养家压力很大。于是一次争吵过后，她选择外出工作，但没有给孩子找到合适的幼儿园，只好每天早上送到公婆家中，下班后再去接回来。

这样一来，虽然经济压力减轻了，但她下班后却要一个人面对公婆的臭脸。公婆在儿媳没有工作时，抱怨儿媳让儿子自己养家太过辛苦；在儿媳工作后，又抱怨带孙子占去他们的退休时间。

"你应该先找到合适的幼儿园或保姆再去上班。"公婆和丈夫都这么说。但是寻找这些资源时，他们又事事挑剔，觉得没有谁比"自家人带更安心"，于是又埋怨"你为什么不能自己带孩子，同时在家工作"。

终于熬到了孩子上幼儿园，公婆帮忙在放学后接回家，但是她有时要加班，或者孩子生病，或者幼儿园停课，一停就是一周的时候她只能拜托公婆照顾孩子，就又被批评："你为什么不能找一个能请假的工作？你是妈妈，孩子都生病了，你还只顾工作，这样像话吗？"

如果把"妈妈"两个字换成"爸爸"，就会有人跳出来说："这种要求太不合理了，哪有这种又能弹性上下班，薪水又不差，还能够育儿和家务一把抓的工作？"

但是，如果对象是女人、是母亲，其他人的态度就会变得理直气壮，因为这个社会认为母亲本来就应该排除万难去做对孩子和家庭来说"最好的选择"，就算那些选择在现实中根本不存在，她也应该努力去实现一个幻梦。

简单来说，他们要母亲既以孩子为优先，又要兼顾工作，还要对周围的亲友没有任何依赖和干扰。这种单独针对母亲的要求既不合理又不现实，但是长辈或丈夫都没有体会过这种艰难的处境，自然也不会有任何同理心，去体谅一个已经蜡烛两头烧的女人。

因为只要你企图达到他们的要求，下一步就是"只有更好，没有最好"。就像我的那位朋友，她已经是很尽责的母亲和妻子了，基本上都是准时上下班，其他时间也认真陪伴小孩，但公婆和丈夫却还是没完没了地抱怨，只顾宣泄自己的压力。

这再次说明了女人要认清现实，要摆脱讨好所有人、让所有人满意的目标。

女人只要做好自己的事情，尽到自己的责任，问心无愧就好，至于什么"理想女性""成功女性""好妈妈""好妻子""好儿媳"这些他人心中的高到不切实际的标准，你就当成耳边风轻轻吹过。

■ 选择什么样的伴侣，就是选择未来的人生

"只是觉得年纪到了就结了""感觉还不错就结了""因为他说他会改变就结了"……诸如此类女人在结婚时的侥幸心态，会让自己在成为母亲后深感后悔。

作为母亲要面对的难题，不是只有事业和家庭总是顾此失彼，还包括家族间的人际关系会突然变得紧密，这对长久以来崇尚个人自由的女人来说，是难以应付的压力。

孩子就是聚光灯的焦点，走到哪都会受到亲友们的热烈欢迎，紧跟在一旁的妈妈面对的却是连番轰炸般的提问和检查，他们对孩子的关心，也往往潜藏着对妈妈的不放心。

他睡得好吗？是不是你不会带？怎么长得这么瘦？怎么给他穿这么少？……

婆家人、娘家人，甚至是路人，都会因为关心孩子而对母亲不断质疑。所有人都想看孩子，和孩子玩，这就意味着原本属于夫妻自由支配的周末也不复存在。

每个家庭的情况都不相同，有的可能这周回娘家一次，下周又回婆家一次；有的因为夫妻都要工作，需要有人帮忙带小孩，就搬回娘家或婆家住，突然变成三代同堂的情况也很常见。

因为孩子的事情不得不依赖两边的原生家庭，或者即使不用他们帮忙，他们也想多看看可爱的孙子孙女，总之，已婚女儿与儿媳的角色也是在这个时候突然强化，常常必须要以这种身份去与他人互动。这时就会强烈感受到女人和男人的差别了。

同样成为父母，照顾和教育的压力却单单落在女人身上，被长辈不断质疑的通常是母亲而不是父亲，男人却不会因为不懂照顾小孩而受到批评和指责，也被允许拥有更多的自由时间，维持原本的兴趣或娱乐。

作为母亲，女人不断被他人质疑，于是也开始怀疑自己是否称职，检讨自己奶水不足或母爱不够；与伴侣之间，原本可以甜蜜相处的二人世界，现在也被时不时爆发的教育矛盾、育儿和家务的分配等问题占据。

曾经想要成为的自己，似乎被婚后的种种家庭角色吞没。

要避免这样的情形就必须自己独立带小孩，以免承受长辈"都已经帮你带了小孩"，你就应该做个理想女儿、理想儿媳，才算是知恩图报的态度。

感情上的选择带来的影响广泛而深远，因为在这种时候，你能够摆脱多少不必要的束缚，以及能否在合理范围内争取到自由，跟另一半的想法和性格大有关系。

如果另一半懂得尊重你，他会和你站在同一阵线；相反，如果他在婚前隐藏了传统大男人主义的思想，婚后为人父母时，他内心的"女人就应该如何"的倾向就会渐渐显露，成为你最大的压力来源。

社会对父亲和母亲的角色期待非常不同，大多数的男人认为自己仍然有自由的权利，而把妻子失去自由看作"母亲的本分"。此外，诸如性生活也被认为是妻子"应尽的义务"，没有得到满足就觉得自己的"权益受损"；批评妻子没把孩子教好，却无视身为父亲的自己也有教育的责任。

总之，女人如果只是把结婚生子视为自己人生的目标之一，而没有意识到这件事会对自己的人生产生多大的影响，又或者是过于乐观地相信"男女平等的理想社会"如今已经实现，就会在这个时候惊讶地发现，原来家庭角色中的性别不平等，是如此根深蒂固地存在于每个人的心中。即使恋爱时看似平等相处、互相尊重的丈夫，都有可能因为家庭角色的变化，而对妻子渴望一点自由和自我的声音置若罔闻。

有句话说："婚前脑子里进的水，就是婚后流的泪。"如果没有慎选结婚对象，误把男人的情话当真，忽视了家庭教育对个人长远的影响，就很可能在这时陷入性别角色不平等的困境。想做什么都被说"当妈的就应该这样""这是儿媳的本分、妻子的义务"，因此除了扮演一个传统文化中牺牲奉献的女人，难有其他角色上的突破。

"只是觉得年纪到了就结了""感觉还不错就结了""因为他说他会改变就结了"……诸如此类女人在结婚时的侥幸心态，会让自己在成为母亲后深感后悔。

选择和什么样的人结婚，几乎等同于选择今后的人生。没有理性地判断和选择，而是任由自己感情用事，婚后就极有可能陷入自己难以适应的困境。

如果已经走到了这一步，想要重获自由，就考验着女人的资源和决心，但是孩子又会影响女人的选择范围，因此一旦落到最不得已的情况，女人能选择的就只剩下用什么样的态度面对不自由的生活了。

■ 告诉自己:"我想过得自由。"

就算听起来,"女人的自由"就像某种注定会失去的东西,但是自由和选择是一体两面,每件事情只要认清"自己是有选择的",就有了让自己自由的可能。

结婚几年后,我才体会到人在拥有自由的时候该做什么,并不同于我们对自由想当然的刻板印象。

我们总是以为,拥有自由时就应该放松心情地享受,只做自己想做的事或者拒绝自己不想做的事,而实际上那样的自由只是自我放任,并不是自由真正的内涵。

真正的自由其实是选择,涉及个人拥有的资源和能力。年轻人因为身上背负的责任还不多,所以在选择时更能够以自己为优先,但他们常常忽略了每一次选择都意味着责任,一旦做出选择，接下来就是承担相关责任的过程。

真正懂得珍惜自由的人，面对选择的态度是认真而且谨慎的，知道每一个选择都要适合自己，不能只要喜欢就可以，对于其中不喜欢的部分，也要有承受的能力和觉悟。

许多女人都会感叹，当初自己没有想清楚就结婚生子，进而把责任推给没有遵守婚前承诺的另一半。但是追根究底，是她自己犯了轻率、轻信或自欺欺人的错误。讨伐对方其实无益于改善现状，而是应该自我反省，认清是自己当初没有珍惜选择的自由，要让这份反省变成自我改进的动力。

别再抱怨无法改变的事情了，有这些时间和精力，何不用来考虑如何让接下来的生活过得更好？有许多人抱着走一步算一步的心态，等待不负责任的丈夫改变、等待孩子长大懂事，却忽略了其实在每一个当下，自己也可以主动做些什么。

如果丈夫不负责任、态度又不好，那么，能好好沟通的时候就沟通，实在不能好好沟通，为了解决问题而争吵也未尝不可。如果你的忍耐已经到了极限，就一定要告诉对方，而不是告诉自己说"再过十年孩子大了我就离婚"。这个"十年之计"只是无谓的拖延，就算真的撑过十年，父母之间不幸福、不和睦的家庭关系又会给孩子的心理造成多少负面影响呢？

因为孩子还小，限制了工作的选择范围，但是与其让自己屈就于不够好的工作，不如积极学习，提升自己的竞争力，进而在职场上争取到更多的好机会。

虽然不是每一项努力都能马上得到回报，有时候也会感到茫然，好像一切都看不到尽头，但是只要能坚持为"更好的未来"做些什么，你的自信、自尊和自爱的能力必定会渐渐增长，为实现想要的自由而积蓄力量。

过去的选择虽然无法扭转，彻底弥补错误已不可能，但未来的人生还很漫长，还有机会调整方向和努力，只要有"就从现在开始，我想过得更自由"的决心和勇气。

是用积极的心态去面对和改善现状，还是执着于已经无法改变的过去，不断抱怨自己当年的错误让自己现在"别无选择"？我想，只要还拥有这样的选择，就说明，人即使是在最艰难的时刻，也还是拥有选择和自由吧！

自由很珍贵，因此更需要为自由奋斗

不仅在进入观念传统的婆家，受困于性别角色不平等的时候会失去自由，即使婚后和丈夫建立了平等互助的关系，但只要选择成为父母，就会失去很多自由。

"父母"几乎是责任的代名词，从照顾婴儿的生理需求开始，再到孩子上了幼儿园、小学、中学……养育的过程变得越来越费心思，经济上我们必须照顾无法独立生存的孩子，在社会文化上，现在的社会风气也鼓励父母花更多时间陪伴孩子。

看着早几年成为父母的前辈们，我已经可以想象到自己未来十几年的生活了——像陀螺般以孩子为中心团团转，还能剩下多少自由，现在就能预想得到。

就以夫妻二人拥有的自由时间来说吧，除去工作、家务而单纯用来照顾孩子的时间能有多少，取决于他们拥有多少人力和财力资源。但这些其实并不全在自己的掌控之中，或者说是可遇而不可求的。如果没有，就不得不以非常有限的、挣扎在中产阶级及格线上的工资来扛起全部。那么，想从父母的岗位上短暂休假，找回一点点属于自己的时间，听起来都像是痴人说梦。

今年是我婚后的第八年了。这段时间，我经历过和丈夫一起突然变得身无分文、一块钱也要节省的生活，也经历过第一次怀孕流产，然后第一个孩子是高需求宝宝，都不让大人睡觉，也曾短暂地回归职场，又灰头土脸地败下阵来，然后我们又迎来了第二个孩子。

我总在思考，什么是女人的自由。就算听起来，"女人的自由"就像某种注定会失去的东西，但我觉得自由和选择是紧密相连的，只要认清"自己是有选择的"，就能赋予自己自由的可能。比起过去，我现在更切身地体会到实现自由并不容易，在实践时，却也更强烈地感受到"自由的存在"。

结婚就是与少女时代的告别，从此，我们看待未婚的女性朋友都像是永恒的少女。在我们成为母亲后，这个差距就更夸张了，甚至连上个厕所的生理需求有时都难以满足。等孩子逐渐长大，不再需要二十四小时跟母亲绑在一起，而此时他们在心理上需要被照顾的事情却越来越多，我们无论做什么都要考虑到孩子，不敢想象什么是追求梦想的自由、做自己的自由、在"儿媳"和"女儿"等角色期待下的言行自由……

但想到自己还不算真正年老，身体也还能够自主，现在就宣告失去自由又心有不甘，也不想在漫长的人生里陷入没完没了的怀旧或感伤。

在怀疑"自由已然不在"的低潮时刻，更需要冷静、客观地分析形势，去观察、衡量自己所拥有的条件和能力，思考怎么样为自己那"极为有限"的自由，打出一个小小天地的可能。

自由不是理所当然的，而是需要追求和捍卫的。我在成为母亲后、强烈感觉身不由己的时候，因为自由显得愈加可贵，而有了"必须努力做些什么"的觉悟。

比起有着大把自由，却不知道如何把握的童年和青年时期，中年是一个全新的开始，人与自己、与他人要建立什么样的关系，能否在人际关系中依然活出自己，实现属于自己的自由，就看这时候是陷入悲观的低潮，还是能够振作起来，去为人生的下半场做积极的准备了。

■ 踏入婚姻，也是自己的选择

期望别人为我们负责是没有建设性的，既不可能实现，也只会加深内心的无助和失落。

已婚而且为人父母者，很容易在看到单身的朋友时，在心里呼喊"单身万岁"。但是，这样的羡慕太浮于表面，无论单身还是已婚，都有属于各自的不自由。

结婚成家的人要应对和维护更多更复杂的人际关系，但家庭也会回馈我们以幸福和安定。这就是为什么我们愿意放弃单身的自由，而选择和别人共组家庭，把许多责任都统统扛在身上。

我们渴望家庭的安全感，渴望被人需要和等候，渴望回到家里有人迎接、彼此关心和分享的那份温暖和安心。

在思考自由的时候，我们也不要忘记，自由与选择息息相关。因为结婚生子而限制了自己未来人生的自由，其实也是自己选择的结果。

我们想扩大家庭这张安全网，想要拥有归属感，即使我们不期待孩子将来要养我们、照顾我们、保护我们，拥有孩子也是家庭人数的扩张，我们在情感上依赖着孩子，是孩子的存在，让我们拥有想象中的家庭。

我们是自愿限制自己的自由的，这一点必须谨记在心，因为有些人会把婚后失去的自由全怪罪到另一半头上，又或者把为人父母后失去的自由，怪罪给自己的小孩，这种想法完全忽略了自由的真谛——个人自由，意味着个人要为自己负责。

期望别人为我们负责是没有建设性的，既不可能实现，也只会加深内心的无助和失落。

职业女性并不是更加自由

我从短暂重归职场的经历里认清了，所谓"职业女性可以兼顾家庭和事业""因为拥有更多的金钱和社会地位，所以更加自由"等想法，真的只是一种被塑造出来的幻觉。

人的一天就是那有限的二十四小时，扮演的角色越多，就越容易感受到角色之间的冲突。

有孩子的职业女性，不论工作日还是节假日都很难抽出时间加班，孩子请病假、学校停课时就更不用说了，这时，"儿媳"或"女儿"的角色当得好不好，会直接影响到能否得到支援，所以在与婆婆和亲妈相处时，就更难单纯做自己，而是要小心翼翼维护关系才能得到婆婆和亲妈的支援。

"那么会带小孩你自己带啊！"如此这般，如果曾经因为教育方式而得罪过婆婆或亲妈，对方很可能不愿再伸出援手，为了在职场上不落后于其他同事，在家里也必须要更加"努力"，维护家庭关系的和谐才行。

有人会说："老公在哪呢？不应该指望老人带吧，孩子原本就是父母自己的事。"

但丈夫和自己一样是职场上身不由己的员工，如果不是在职场上爬到了某一个高度，又或者本身就是家族企业而且支援充足的情况下，丈夫就算有意愿也往往心有余而力不足。

在总有人要妥协的情况下，职业女性常常只能在心里呐喊："那我呢？我的工作怎么办？我在办公室里被其他同事冷眼相看怎么办？"

如果没有家人支援，也只能硬着头皮去向上司请假，孩子生病没有人照顾，做妈妈的再怎么"以工作为重"，也不可能把孩子放着不管。

那些没有经验的未婚同事，或者曾有同样经历但有家人帮助的上司或同事并不会理解，或者更准确地说，"明白和体谅"并不是他们在职场里必须担负的工作。

人与人之间相互的理解，本来就很考验个人想象力和同理心，况且大家本来就是为了薪水和待遇进入职场，彼此都在竞争向上，因为利益而结合的团体不断打散重组，同理心的开关是不会打开的。

有家庭的同事需要照顾家庭，还未成家的要捍卫自己下班后享受生活的自由，一个不称职的员工会被认为没什么好为自己辩解的。而成为母亲，在以工作为重的"996"社会，肯定是会被扣分的。

那么"可以实现的自由"在哪里呢？

很显然的，是更加困难的选择。

你可以选择不当好儿媳、好女儿，而坚持自己的理念做好妈妈，但是要以失去援手为代价，处理不好的话，可能连婚姻关系都会因此变得紧张，因为丈夫多半认为把孩子无条件交给自己亲妈或岳母是可以接受的事情，对于你身为母亲的某些坚持，他可能觉得是没有必要的。

当然你也可以选择做顺从的儿媳和女儿，确保自己在工作时有人帮忙照顾孩子，这样一来，就要放弃对孩子的照顾和全面教育的坚持，告诉自己睁一只眼闭一只眼，因为人的时间和精力是有限的，你不可能在每一处斗争。

和丈夫感情再好，也只是多一个精神上的支持，现实中的左右为难，多半还是要女人自己去扛。

我很希望在我的孩子成年之后，这种总要母亲扛起一切、付出自由的情况，能够有所改善。男女之间可以更加平等，成为父母固然会限制人生的选择，但这样的限制会由男女双方共同承担。

在社会的进步还未能达成这样的期待前，女人常常被逼到仿佛无路可走时，才懂了自由的真谛——自由是选择、是负责，也是人生中不可避免的奋斗。

接受不想接受的部分也是一种成熟，承认事情没有完美的选择，在不完美的选项中也能够找到出路，就是成人应有的生活态度。

■ 不要说自己"别无选择"，
要为自己的心愿奋斗

不要轻易对自己说出"我别无选择"。因为一旦这么说了，自己就会相信，就会习惯在该做选择时拖延和逃避，最后造成自己都无法承担却不得不面对的后果。

我们常常有太多不切实际的期待，总是希望不用面对困难，事情就会有完美的结果。于是，在面对困难的选择时迟迟不敢下决定，直到最后变成由别人来决定，但别人又不会对我们的人生负责。

比如，有些人把孩子交给奶奶或姥姥带，因为丈夫坚持"这样比较省钱"，老人们坚持"这样比交给外人安心"，但是明知道他们的教育方式不对却不坚持的结果就是孩子的发展走偏了，要花更多的时间和精力去修正。

或者是面对感情失和、价值观分歧而无法好好相处的丈夫时，对自己说，孩子需要一个"完整的家庭"，所以为了孩子，自己"没有"离婚的自由。结果，虽然得以在相对稳定的环境中长大，但孩子长期生活在父母的婚姻关系紧张、动不动就剑拔弩张的家庭氛围中，会更缺乏安全感和自信心。

然而，不管是上面哪一种情况，选择的自由都是存在的，即使被缩减，即使变得困难，也依然是存在的——冒着双方撕破脸的风险也不让老人干涉，就是一种选择；离婚变成单亲家庭，也是一种选择。

说自己别无选择的人，往往只是因为眼前的选项不够尽善尽美，放不下心里对"完美"的期待，所以逃避选择而已。比如，心里还是幻想着孩子给奶奶或姥姥带可以让她们高兴，然后她们又能带得很尽力很负责，或者不给她们带，她们也乐意接受，能够不伤感情地把孩子接回来；幻想着离婚后依然保留来自丈夫的经济支持，或者不离婚，但是丈夫会自己良心发现有所改变……

这样做只是自我蒙蔽，像鸵鸟一样把自己的头埋进沙子里，一再错过改变的时机。懂得珍惜自由的人不轻言放弃自己选择的机会，也清楚知道每一种选择，都有各自的辛苦和难处。

年轻的时候想到自由，都是些美好而让人心生向往的景象，好像自由就意味着能够不受任何束缚，只做自己想做的事，只追求自己个人的愿望。到了现在这个人生阶段，才知道所有的选择都牵一发而动全身，为此不得不反复斟酌，究竟什么才是自己想要也能够负担的选择。

不要轻易对自己说出"我别无选择"。因为一旦这么说了，自己就会相信，就会习惯在该做选择时拖延和逃避，最后造成自己都无法承担却不得不面对的后果。

做选择时要对自己说"这是我想要的"。这需要在面对选择的关头，放下对完美的期待，承认事情不可能面面俱到，诚实地告诉自己究竟想要什么，为自己在乎的人和事排出先后顺序。对自己来说，什么事情是最重要的，绝对不可妥协的，那么以这件事情为中心，去做能够保证最优先事项的选择。其他不那么美好的后果，也就可以克服或承受。

比如，如果觉得孩子的教育最重要，就不要害怕因为教育观念而起冲突，要知道最坏的结果不过就是导致关系紧张，但孩子自己带或转送保姆，至少可以保障自己认为正确的教育方式；如果因为拗不过老人的要求，任由他们用不正确的方式带孩子，也不要说自己是别无选择，事实上你选择了"维护家庭关系"，而被放到次要的，是你对教育的坚持。

看似不选择或者是被迫做出的选择，其实都是选择，一样是为了自己心里认为重要的事情，所以也一样是自己的责任。

　　既然如此，不如在一开始就诚实面对自己的内心，才能知道为什么事情会如此发展。不要消极地等待问题自行消失，时间虽然可以克服许多伤痛，却也有时间无法克服的，一定要人为做出改变的事情。

　　想清楚自己想要的是什么吧！找到心里认为最重要、最不能放弃或妥协的事情，在这件事情上捍卫自己的主张，找到能够实现目标的方法，虽然辛苦，但是只要是自己的选择，一定能感受到自己做决定的踏实。

■ 即使变成一个人，也要好好生活

没有一份工作可以只做自己想做的事情，也没有任何一个所谓"对的人"，跟他在一起可以保证自己不用做讨厌的事，不用承接自己不想接受的人际关系，不用扮演辛苦的角色……

最近流行的说法是，想要自由，就需要"被讨厌的勇气"，因为人如果不愿配合社会的种种期待，就有可能会被讨厌，所以只要看开被讨厌这件事情，就能让自己挣脱期待的束缚，获得自己想要的自由。

而女人特别缺乏被讨厌的勇气，是有社会原因的。在社会的集体想象中，勇气并不是女人的"任务"，善良、合群、努力为他人付出，才被认为是女人最重要的美德。这也许是因为在人类历史上有很长一段时间，女人在经济上都无法独立自主，只有扮演好女儿、妻子、儿媳和母亲这些家庭角色，才能获得家族的认可，在社会上生存。

即使是现在，女人已经能够进入社会工作，拥有了靠自己的力量去生存的权利和自由，害怕被人群舍弃、一旦被讨厌就会危及生存的那份不真实的恐惧，仍然在女人的血液里流动。

因为时刻提醒自己要符合群体的要求，女人几乎忘记了了如何"做自己"，很多时候都只是配合做出理想女性的样子，同时也习惯了等待别人的回应，期望自己默默放弃的自由和压抑的愿望能被别人发现，对此表示感动和赞赏，或给予回报。

既然时代已经不同了，女人能够靠自己的力量生存，那就是时候做出改变，提醒自己要捍卫自己的选择自由了。

我探究着自己一步步成为妻子、儿媳、母亲与已婚的女儿的经历之后，曾一度有种窒息般的心情，因为有一件事情极为重要，对女人而言却特别困难，那就是"被舍弃的觉悟"。

比如，害怕成为丈夫口中"不贤惠的妻子"，害怕被他抛弃，自己就会被打上"离异女人"的标签，而这其实就是一种性别不平等的污名；如果婚姻关系不和睦，父母就成了自己唯一的依靠，这时就会害怕成为父母眼中"不够好的女儿"，夫妻吵架时就无处可去，也不会有人心疼或接纳自己；

害怕被说成"不孝顺的儿媳",因为婚后有太多事情会受婆媳关系的影响,婆婆可能不断对丈夫批评自己,也有可能在自己需要工作时,不愿意帮忙照看孩子。

然而,自己的孩子也是丈夫的孩子,也是爷爷奶奶和外公外婆的孙辈,他们与孩子之间也必须有互动,才能建立和维系彼此的情感关系,而这个社会却用"照顾孩子本来就是妈妈的责任"这种不平等的要求,让其他人觉得只要陪孩子一下,就可以理直气壮凭着"我帮你带了孩子"去跟母亲索取回报。

事实上,人如果想要过得自由,不只是会被讨厌,还可能会被舍弃。如果只是把自由看成一种人权,觉得理所当然应该拥有,就会无法想象和接受,有时候被讨厌或被舍弃本来就是争取自由必须付出的代价。

然而,被舍弃其实并没有想象中的那样可怕。人只要有能力在社会上生存,就一定会有团体接纳自己。如果因为害怕被舍弃而事事委曲求全,反而会让自己在不适合的群体里待更久,同时,也因为知道这个栖身之所是自我牺牲换来的,会害怕当自己无法再做出足够的牺牲时,就可能失去在群体中的位置,从而过得惴惴不安,失去了在群体中获得保护的安全感。

当然,这并不是说我们做每件事情都可以特立独行,完全不考虑其他人的想法和需求,而是说我们要了解获得自由的代价，承担可能的风险，这样就不会让恐惧限制了本来可以实现的自由。

我们要学会判断，在哪些事情上可以做自己而不必过度担心，不用太在意"别人会怎么看我"；在哪些事情上我们一旦选择坚持，就要保证自己有充分的准备。

以教育矛盾为例，如果要坚持自己认为正确的教育方式，就不能期待别人无条件地配合，毕竟别人也会有他认为正确的立场，所以想要坚持到底，就要培养自己独立育儿的能力。只要清楚了这一点，就不会搞错目标，徒劳地想要去改变对方的教育观念，而是能够更准确地调整努力的方向，在让自己遭遇两代之间的教育矛盾时，能有更多的自由。

身为女人和母亲，在人际关系上，我们那种"可以实现的自由"其实就是如此，没有任何年轻时想象的"说走就走、跟着爱人浪迹天涯"的浪漫情怀，而是充满了现实的束缚，也考验着我们追求自由的决心。

能够让自己获得尊重和自由的，永远都是"即使变成一个人，也要好好生活"的觉悟和勇气。女人并不缺乏生存能力，而是特别缺乏这样的觉悟和勇敢。

然而，我们也该学习为自己的自由奋斗了，因为走在别人决定的路上，是不会有幸福的。我在思考如何为自己争取那有限的自由时，有了这样的体会。

对自由的认知

一定还有可以实现的自由，但前提是对自由有正确的认知。如果认为自由是"从此不用做不想做的事"，那这种自由，即使是在最无忧无虑的童年，也一样不存在。

没有一份工作可以只做自己想做的事情，也没有任何一个所谓"对的人"，跟他在一起可以保证自己不用做讨厌的事，不用承接自己不想接受的人际关系，不用扮演辛苦的角色……

太多文章、广告和影片，把自由和美好的图像联系在一起，让我们对自由产生了太多的误解，于是即使是已经很自由的人，也可能觉得自己是不由自主的，只要有不想做的事情，就感觉被剥夺了自由。

那么，真正的自由究竟是什么呢？

我认为，真正的自由是在总有一些不如意的生活中，做出适合自己，也能够对其承担后果的选择。

所以，自由是爱一个适合自己的人、为一份适合自己的工作奋斗，虽然仍然会遇到不喜欢却不得不做的事情，但因为"这是自己的选择"，就能从中得到掌握自己人生的踏实感。

不管怎样，都是自己的选择。

有选择，就有自由。

Chapter 3

懂得珍惜自由的人

■ 守护自由的方式，不需要别人的认同

因为经济上无法独立而无法踏出婚姻，这种情况一定是有的；同时，有能力离开，却因为无法打开"离婚=婚姻失败"的心结而选择不离开的人，其实也很多。

每个人身边或许都有这样的女性朋友，她无论是外表、内在、工作能力、收入等样样都出色，却被困在不满意的情感关系里无法自拔，不管有没有小孩，都宁愿为了维护婚姻而受苦，从不曾想过要离开。有了孩子之后，更有可能拿孩子的幸福当作理由，认为孩子需要爸爸、需要完整的家庭，却没有考虑到丈夫作为父亲是否合格，似乎幸福的婚姻和家庭就只是一种形式——只要有经济保障，有爸爸，有妈妈，就算是合格。

每次听到这样的故事，我都会想，原来一个人能否过得自由，生存能力只是基本条件，更重要的是意愿，如果没有切断一段关系让自己活得更自由的决心，就会在泥沼中越陷越深，做出旁人看来不值得的牺牲。

当然，这也不是不能理解的。因为社会看待离婚的女性，比看待离婚的男性要严苛太多，女人更害怕被打上"离婚"的标签，不只是不容易再婚，人们也总是会怀疑她经营婚姻关系的能力，指控她是不是在某些方面"失职"。

这些都是对女性的不平等对待。但是如果想要过得自由，在没办法轻易改变他人的情况下，必须自己先放下这些成见，停止用批判的眼光看待自己。

想要鼓足勇气离开一段不快乐的婚姻，除了有足够的经济能力、能够独立生存，还要有一旦恢复单身，就要面对更多的质疑和污名的觉悟。要让自己保持清醒的头脑，清楚哪些是不实的指控，要捍卫自己的尊严和自信，不被社会施加在女人身上的压力所动摇。

女人要争取自由的代价就是这么高，但这也考验着一个人想要自由、想忠于自己的信念是否足够强大，如果觉得已婚就能让自己获得保障，就可能会执着于仅存表面形式的婚姻关系，而婚姻的本质——究竟还有没有情感支持、伴侣之间能否彼此尊重和信赖、能否共同分担家庭责任等，就会被舍弃了。

对于有孩子的人来说，还要知道无论是哪一种选择，终究都是自己的选择，不能以孩子为借口，让孩子一起承担痛苦婚姻的苦果。

因为经济上无法独立而无法踏出婚姻，这种情况一定是有的；同时，有能力离开，却因为无法打开"离婚＝婚姻失败"的心结而选择不离开的人，其实也很多。但如果能够清楚地知道一切都是自己的选择，或许能够多一点坦荡和从容。

总之，无论是不想被贴上标签而选择不离婚，默默忍受不快乐的婚姻，或是决心无视社会压力而选择离婚，直面社会对离婚女性的污名化，只要知道自己做了自己能够承受的选择，而且能够坦荡地说出"这是我自己的选择"，那么这项选择本身并没有对错，都是一种忠于自我吧。

■ 保有"离开一段关系"的自由

拥有离开一段关系的自由是很重要的，它可以给人信心，让人在面对亲密关系时变得从容，不会过度担心"对方会不会离开我"。但是即使暂时没有这样的能力，也不要过度焦虑，要知道没有哪一种状况是永恒的。

在怀了第一个孩子后，我因为种种原因成了全职妈妈，那时有一种说法让我时常感到苦恼："女人无论如何，都要有自己的工作。"

因为没有工作就没有收入，没有收入就很容易被负责赚钱养家的丈夫轻视，或者因为没有能力离开，而陷入被动和无法为自己争取权益的窘境。

因为认同这样的说法，突然变成全职妈妈的我，时常感到慌张甚至害怕，但是自己带孩子之后又无法下定决心交给他人，想要和孩子有尽可能多的相处时间。总之，当时的我对自己的处境缺乏信心，时常感到左右为难。

我是真心想自己带孩子的，但又担心没有收入会让自己在婚姻关系中处于"弱势"，就这样怀着惴惴不安的心情，度过了一天又一天，总算撑到孩子上了幼儿园。

有过那段经历后，我发现其实要维持一段关系的和谐，自信心是非常重要的。

拥有工作和收入，不仅仅能实现部分的经济自由，还会给人依靠自己的能力在社会中生存的信心，这样一来，就不会过度关注婚姻关系中的小波动，换言之，因为知道自己即使离开这段关系也能很好地生活，反而会变得从容。

而我当时没有这样的能力，经济上依附丈夫的生活让我总是过得紧张兮兮，像是查看丈夫的手机，紧张地确认他的脸色，怀疑他是不是对我没有过去那么好了……这些事情都是在那时候发生的。恐怕还没等真正出现什么外在的危机，光是我的这种疑神疑鬼，还有不自觉展开的密切关注，就已经形成了一种对婚姻的负面压力。

现在的我有了第二个孩子，还是选择继续当全职妈妈，但是心情相对放松了。我想是因为这一次我并没有随波逐流，而是衡量过自己的能力，清醒地做出了适合自己的选择。

体会过回归职场后工作和家庭难以兼顾的压力，也终于能够理解一些身为职业女性的朋友，为什么会委屈地抱怨："明明我也有在赚钱，凭什么下班后老公还是在当大爷，让我一个人忙碌？"因为经历过不同的处境，所以能够比较出各自的利弊，最终，我还是想坚持内心真实的想法，亲自陪伴孩子，用自己的方式教育孩子长大。

人在茫然地陷入某种状况时，很容易因为不了解自己拥有什么而失去自信，产生过多的担忧，进而让关系变得紧张。但如果衡量过自己的能力，了解自己的个性和愿望，主动做出选择，即使还有困难和风险，也能够因为这是自己做的选择而坦然面对，"既然选择了就要做好"，想要努力的心情也会更加踏实。

拥有离开一段关系的自由是很重要的，它可以给人信心，让人在面对亲密关系时变得从容，不会过度担心"对方会不会离开我"。但是即使暂时没有这样的能力，也不要过度焦虑，要知道没有哪一种状况是永恒的。只要了解并保持自己这份独立自主的能力，就随时可以迎接新的挑战，做出相应的改变。

不论是职业女性还是全职妈妈，这种信心和能力是同样重要的。

■ 单身的人看似比较"自由"，但也受到各种牵绊

绝对自由不是一个人可想象和求取的目标，也不真实存在，生而为人，不管是单身或已婚或有无子女，只要生活在人世间，就注定放不下各种牵绊，尽管有时感觉身处牢笼之中，这份被绑住的幸福，却也是人生的真实。

这个世界上并没有绝对的自由，因为所有的自由，都伴随着责任。

即使各种媒体都在传播一种自由和美丽的形象（特别是对女人来说），好像这世界上真的存在一种人，年轻美丽，自信无畏，想到旅行可以说走就走，想做什么都能说到做到。但是在现实中，那样的人是不存在的。

只要想到最接近这种形象的单身朋友，即使是事业有成、年轻美丽，但私下里倾诉的烦恼，不外乎自己过得很好但长辈却总是催婚催生，不想见面闹矛盾却又牵挂着逐渐老去的长辈，即使出外旅行也会接到工作电话……我们就会知道人即使在看似最自由的时候，仍然是不自由的。

因为她永远是某人的家人、恋人、朋友或员工，这些包含了责任的人际关系，混杂着甜蜜的牵挂、情感的关系，把人牢牢绑在一张看不见的网上，叹息着人生没有所谓的"绝对自由"。

如果有，那只能是令人恐惧的孤独，没有人惦记你，你也没有任何人可以想念，对于身为群体动物的我们，那种自由极冷极冷，恐怕只要体会过一次，就再也不会有人向往了。

承认社会上没有绝对自由，身边的人即使单身、年轻、多金，其实也跟我们这些已婚有子女的人，有着不相上下的不自由。这份认知是要让自己放下不切实际的幻想和羡慕，摆脱媒体制造出来的自由而率性的假象。

绝对自由不是一个人可想象和求取的目标，也不真实存在，生而为人，不管是单身或已婚或有无子女，只要生活在人世间，就注定放不下各种牵绊，尽管有时感觉像身处牢笼之中，这份被绑住的幸福，却也是人生的真实。

■ 在各种状态下，都要珍惜自己的自由

我们对压力敏感，对自由麻木，总是要在自由减少、消失的时候，才会意识到自己曾经很自由，后悔当初没有慎重地做出选择。

已婚的"过来人"常常说单身好，比较自由，但是真正过得自由的人，是能够在单身时了解单身的快乐，成家后享受家庭的幸福。这是我们可以努力实现的自由，而秘诀就是——不贪求。珍惜在不同人生阶段中的自由，做出最适合自己的选择，要特别注意，不要看到别人怎么做，自己就盲从。

自由是选择，而人必须对自己的选择负责。所谓"负责"，就是无论结果是好是坏都要承担。如果你总是在有选择时羡慕别人，比方说在自己单身时羡慕别人一家和乐融

融，或者在走入婚姻后，又羡慕起单身的朋友过年时可以回家当女儿，不用和婆家相处等，那么，你注定会因为总是在关注自己缺少了什么而觉得不快乐、不自由，甚至是痛苦。

我们何必要这样折磨自己呢？不管是单身还是已婚，只要努力去摆脱人性的贪婪，摆脱患得患失的本性，转而去欣赏、拥抱自己当下所拥有的一切，何愁得不到幸福呢？

没有人打扰是一种幸福，为家人付出也是一种幸福。只是我们往往过于强调自己的委屈和辛苦，而忘记了这一切都是我们当初为了追求幸福而做出的选择。

如果人能不忘初心，那么人世间的辛苦都会变得美好许多吧。

很多老夫老妻已经不谈"初心"这两个字了，只谈"顾全大局"，夫妻之间互相忍耐，也忍耐婚后的各种不自由是多么理所当然的事，但是这种忍耐为的是分享更多幸福，也是我们选择组成家庭的初衷。

不要因为过程艰辛就迷失了原本的方向，想要实现自己的理想，总是要有辛苦和付出。

现在让人感到沉重的责任和压力，是长久以来自己种种选择的结果。然而，我们对压力敏感，对自由麻木，总是要在自由减少、消失的时候，才会意识到自己曾经很自由，后悔当初没有慎重地做出选择。但是随着身上的重担越来越多，人就越能感受到自由的宝贵，当得到了一点点自由的感觉时，也才会有天降甘霖般的美好吧。

Chapter 4

换个角度看待原生家庭

■ 即使是原生家庭，也会有遗憾

你要承认，并不是每个人都能拥有来自父亲或母亲的爱，如果你的人生中某一个盒子确实是空的，那就把它放下吧，这样你才能获得自由。

和自己的父母之间，如果有一些深层的问题，不是表面上合不合得来这样的程度，而是内心有一些情感上的空洞，这就像是每个人都抱着一个盒子在路上走，别人的盒子里都有珍贵的宝石，而你的盒子却是空的。

你不愿意相信也不愿意承认那是空的，所以一直不断地努力想要做些什么。看着别人都有来自父亲或母亲的爱，而你却没有，你会不断地安慰自己：不可能，每个人都会有，我不可能没有。

然而，这份执着会让你非常痛苦，因为很多事情并不取决于你个人的努力，是否能拥有一份与生俱来的爱也可能从一开始就是命中注定的，你可能愿意为了这份爱而扭曲自己，但扭曲自己才能得到的爱并不真实。

　　你要承认，并不是每个人都能拥有来自父亲或母亲的爱，如果你的人生中某一个盒子确实是空的，那就把它放下吧，这样你才能获得自由。

　　空出来的双手可以去争取其他宝贵的东西，把其他同样重要的、会回应你的努力的人牢牢牵住，你一样可以过得很幸福。一个你不肯放下的空盒子，剩下的只有束缚而已。

　　你能够放下多少，取决于你有多渴望自由。

■ 人际关系，总有必须放下的执着

只要到了某个人生阶段，有了足够多的阅历，人们就不会再相信每一个愿望都能够达成了，知道即使了解自己并且付出十分的努力，也要做好面对和接受遗憾的准备。

我总是会在孩子睡着以后想起很多事情，一整天围着孩子像个陀螺似的旋转，一旦有了暂时的停歇，那些因忙碌而无暇顾及的思绪就涌动起来。

浮上心头的大多是一些年代久远的事，因为时刻陪伴和目睹着孩子的成长，就特别容易想起自己小时候的事情，也会不经意地发现自己从一个孩子成长为一个大人的轨迹。现在仔细想想，从一个角色到另一个角色之间的过渡，并不是由年龄决定的，而是取决于你能否清醒地意识到，人生在世并不是只要努力就能实现所有的愿望。

有一本叫作《生命清单》的小说大受欢迎，还登上了当年的文学畅销榜。书中的女主人公在原本看似美好的生活崩塌后，努力找回了真实的自己，最终将自己在少年时写下的愿望清单一一实现了。

但在现实中，只要到了某个人生阶段，有了足够多的阅历，人们就不会再相信每一个愿望都能够达成了，知道即使了解自己并且付出十分的努力，也要做好面对和接受遗憾的准备。

年轻时我对死亡有过浪漫的幻想，觉得当人生走到尽头的时候，回想自己一生所做的一切都能够毫无遗憾，这就是最美好的结局。

但是，在经历过很多不断付出努力又不断为之痛苦的跌跌撞撞之后，我才明白了，人生不是列清单，没有办法实现所有的愿望和计划，特别是那些涉及人际关系的事情，例如与父母、伴侣、朋友、子女的关系……无论有没有血缘的羁绊，人际关系的圆满与否，都不完全取决于个人的努力。

很多时候，过度的努力反而让彼此都不自由，因为一直想要"改善关系"，就意味着无法停止对对方的期待。也许从我们的角度来看，现状并不令人满意，但对方可能已经尽了最大的努力，再多的期待就是强求了。

我们总是很难放下那些我们认为理所应当的期望，比如，自己既然付出爱，对方就"应该"以爱回应，又或者是既然是家人，就"应该"彼此理解、彼此关怀、彼此无条件地支持对方。然而，这些"应该"都只是想象，是这个社会塑造出来的一种集体意识，让你以为多数人甚至所有人都拥有某一种特定的家庭关系，而事实是每个家庭就像每个人那样独特和与众不同。

为了拥有和别人一样的家庭而不断努力，却只换来身心疲惫，这就是一种执着。但是原生家庭这种人际关系，与其说可以靠奋斗获得，不如说是缘分决定了一切。别人拥有既相爱又相处融洽的家人，而你没有，这并不说明你不够好或者你比他们少做了什么。

放下对别人的期待，看起来是让别人得到自由而自己承受失落，但事实是，当你放下了改变一件事、一个人或一段关系的那份期望，放下那些难以舍弃的执着，你就会成为最先重获自由的人。

当事情不如意而自己又已经尽了最大的努力时，要理性地提醒自己"该放手时就放手"，不必再让自己抱着一个空盒子，还一直对自己说，那个盒子不是空的。

一开始就注定了无法拥有，求之不得却又抓着不放，这样的执着只会让双方都陷入痛苦，而你首当其冲。

■ 即使是父母，也是你生命中的"他人"

　　我们这个时代有着强烈的个人主义氛围，强调一切都是个人责任、个人自由，好像个人只要足够努力，就可以实现所有渴望实现的事情。相反地，如果一个人失败了，我们也会怀疑是不是"个人的努力"不够。

　　如果说有一种人际关系，即使再痛苦也无法说服自己停止努力，无论花费多少年的时间都会想要去"经营""改善""和解"，那应该就是与原生家庭的关系了。

　　因为我们每个人都生于家庭，出于天性，我们会渴望接近这个自己出生的地方以及出生时就在我们身边的人，家庭一直是我们永恒的归属。

　　所以即使对家人失望，被家人伤害，但想到要踏出这个家庭还是会觉得忐忑不安，仿佛被世界放逐，朋友、恋人……外面的人给我们再多温暖，心里也觉得家人才是真正无法取代的。

但是到了某个人生阶段，体会过人生中的各种滋味，我们就应该知道，是时候放下这个想法了。

要知道，即使是家人这样血浓于水的关系，每个人也都是独立的个体，"一直在一起"或"一直为彼此付出"并不是每个人来到这个世界上的使命或任务，彼此分离，各自去走自己的人生旅程，像一棵植物那样迎接自己的花开花落，才是生命应有的样子。

如果你原本就有着符合期望的家庭，也从未感觉到自己对家庭有什么特别的期望，一切都好像自然而然，那很好，你可以不用再去改变什么。但如果你有期待，你希望家人之间的感情更好，希望家人更了解你，更欣赏你，更感动于你的付出，那就表示你原本拥有的并不足以满足你，而你应该放下期待，而不是一再努力。

要知道即使是你的父母，也没有义务满足你对家庭的期待。他们生你养你已经是一个人生阶段任务的告终，之后要再花多少时间彼此倾听或相处，那是缘分，而不是他们对你的义务。

你能做的只有把握自己能做的事情，而那永远都不包括改变他人。

父母终究也是你人生的"他人"，所谓"他人"并不表示不重要、没有意义，而是说你真正想要的，那种总会有一个人无私地爱你、倾听你、给予你理解和认同的心愿，不能依赖于他人，只有改变这个不爱自己的自己，才能够真正实现。

父母和手足都在面对他们各自的课题，而对着某人不断投去"来关心我吧"的目光，是最容易带来失望的。会用这种目光看着父母或其他家人，也表示你还不够成熟，还没有意识到，你想实现的心愿其实掌握在自己而非他人的手上。

因为，你总是有能力改变自己，但是没有能力改变他人，所以如果你已经有了自己的小家庭，你可以专注于自己的家庭，努力从自己开始，创造自己心目中理想家庭的氛围。你可以尝试自己做到你所期望的样子，而不是坚持说服他人必须接受。

哪怕你企图改变别人是基于一个美好的憧憬——父母、子女、手足之间彼此关爱，无话不谈，但只要你把那份憧憬寄托在别人身上，就终将要接受遗憾。

接受"遗憾是人生的必然"吧，有些心愿不能实现，因为那不是你凭一己之力就可以翻转的。有期望就会有失望，就会有痛苦或伤感。人到中年的你不再是天真的孩童，也不是年轻无知的女孩，如果你曾经有过渴望却不可得的痛苦，就要去厘清那究竟是可以实现的目标，还是你无法实现却一再作茧自缚的执着。

我们这个时代有着强烈的个人主义氛围，强调一切都是个人责任、个人自由，好像个人只要足够努力，就可以实现所有渴望实现的事情。相反地，如果一个人失败了，我们也会怀疑是不是"个人的努力"不够。

但是人生有许多事情都不取决于个人，而是内外条件和个人能力的配合。特别是在人际关系方面，每个人都会有自己想要实现的目标，而不一定能相互配合。

"凡事都尽其在我"是一种集体想象而不是真实，是个人主义所创造出来的幻觉，忽略了各种事情都需要人与人的合作，而能不能做到，彼此有没有共识，又因为每个人都坚持"我才是对的"而难以达成。

因为涉及感情这种非理性的因素，人际关系其实更依赖缘分，你无法控制，也无须为此自责。

一旦你接受"家庭也是一种人际关系"的事实，就会知道过度期望家人为你做些什么，用你期望的方式与你相处，其实就是一种束缚。而当你接受了家庭是"不同想法的人所组成的群体"，家中的每个人即使生活在同一个屋檐下，也可以像不同类的植物那样各自生长，你就能找回自己的自由。

　　与家人的关系不理想时，告诉自己不要刻意追求，要顺其自然，这样就让你从无法实现的心愿中解放，为不断重复上演的"努力——受挫——痛苦"的循环按下终止键。

◼ 童年创伤，终究还是要自己修补

看待过去的事情时，不要期盼对方会同自己有一样的感受，甚至也不能追求对方的理解，而是要知道，每个人都是独自面对自己内心的种种伤痕。

现代人对亲密的人际关系，特别是亲子关系的执着，和这个时代对心理学的重视是有关系的。

随着大众心理学的普及，心理学看重一个人的童年经验，强调童年对一个人的影响深远，这可以说已经变成众所皆知的常识了。也因为这样，现代人对亲子关系会有更多期待，遇到问题时，也渴望从自己的成长经历中找到答案。我们会希望了解自己童年时的心理阴影，并据此解决现在生活中因缺乏安全感和自信心而引发的各种问题。

但是，这极有可能变成一种单方面的执着，因为父母已经年老，无法配合也可能不愿配合我们想要改善亲子关系的尝试。父母的想法和我们是不同的。我们也许已经习惯了从心理学的角度分析自己，但父母并没有这样的习惯。我们相信内心的阴影是可以面对，也应该学习面对的，但上一代人的普遍认知是："事情都已经过去了，你为什么还要苦苦执着。"

所以，如果你认为自己受到了童年经历的影响，最好的方式还是自己去面对和改善，不要期望父母会加入，也不要期待自己能说服父母，更不要用当今的社会条件去苛求那个年代的父母。

人与人之间的缘分有聚有散，与其去期待和要求对方，去改变大致上已经固定的互动模式，我们不如放眼未来，从现在开始关心、理解和爱护自己。

家人之间真实的相亲相爱，可能过了一个阶段就变成以朋友的方式来相处，彼此合得来就多聊一些，话不投机但是又无法走开的时候，就找些不会引起冲突的话题。

对于渴望修补童年创伤的人来说，这种做法看似消极，但是童年创伤这种与家人的共同经历，其实也是各自解读。你觉得当时受到了伤害，但对方未必同意或接受"他的言行伤害了你"这件事情。

所以看待过去的事情时，不要期盼对方会同自己有一样的感受，甚至也不能追求对方的理解，而是要知道，每个人都是独自面对自己内心的种种伤痕。

这样的认知可能会让人感到孤独，但换个角度想，既然每个人都是如此，那也不算是特别的孤独了。世界很大，即使家人不理解，也总会有人和你有过相同的经历和体会，或许他们可以理解你，给予你所想要的那份支持。

对原生家庭和亲子关系的探讨，不应该变成对往事的执着，并不是一定要改善与某个家人之间的关系，才能够走出关系不理想的阴影。我们可以通过了解自己过去的经历，探索自己的内心世界，也要有意识地在每个孤独的时刻，拥抱并鼓励那个受伤的自己。

即使家人之间渐行渐远，如果在分开时想到对方还能默默地彼此祝福，继续朝着自己认为重要的目标前进，过得平安健康就好了。

■ 不想互相伤害，就保持距离

没有人是真心地想要伤害对方，或者以对方的痛苦为乐，但就是无法停止对彼此"应该怎么生活"的期待，彼此的期待不同，最终演变成家庭权力的争执。

有些人会想方设法地改善家庭气氛，在家族中，也总有些人会自诩和事佬，只要听说谁和谁发生了冲突，就会想着把双方都约出来，打个圆场，让冲突化解。

但是当孩子长大成人之后，父母与孩子之间其实就像是朋友，生活上没有谁依附着谁，无论曾经有过什么样的创伤，彼此分开一段时间，才是最好的疗伤药。

有些人见面时会感到紧张或不自在，比起总是紧密互动，却像刺猬那样一靠近就彼此刺伤，不如在可以选择的情况下，少少地见面，短暂地相聚，让时间有限到没办法开口评论彼此，只来得及表达关心和问候。

有些人无法停止期望家人，并不是想让过去的创伤得到安抚，而是他认为那是"为家人好"的方式。就像父母没办法停止对孩子的担忧，就会希望孩子每件事情都请示父母一样，也有些成年子女与父母的角色发生逆转，他们总是对父母的生活提出"这样做比较好"的建议。然而，无论从父母还是子女的角度看来，这样的建议与其说是关心，不如说是没完没了的批评。

这些冲突和伤害在本质上是一样的，没有人是真心地想要伤害对方，或者以对方的痛苦为乐，但就是无法停止对彼此"应该怎么生活"的期待，彼此的期待不同，最终演变成家庭权力的争执。

"他怎么那么固执！"这种气急败坏的指责，其实就表示我们仍然认为既然彼此是家人，自己又是出于好意，对方就应该听我的话，做出我认为更好的选择。

但只要想到对方也是用这种视角看我们，不能谅解我们为何坚持自己的意见，就会知道正是这种彼此期待，让原本应该是温馨和睦的家庭，变成人人都想逃离的牢笼。

只有其中一方停止了期待和徒劳的努力，另一方也就不需要再付出同样的努力来抵抗或反驳，这场拔河才会真正停止。

即使是家人，也终究是各自独立、有着自己人生方向的个体。没有谁一定要听谁的话，也没有谁能为另一个人的人生负责。

彼此都把注意力放在自己的生活和人生目标上，让彼此都过得自由，就是最美好的祝福。

■ 父母所认为的"爱"，和我们并不相同

我们总以为在乎一段人际关系，就要付出非常多的心力，发现问题就要努力改善，即使长期相处得不和睦，也不能轻易放手。

理想的家庭关系总是家人们无话不谈，对外人不能说的话，对家人却能畅所欲言。

我们很希望在家里可以不被批判，也可以无条件地被理解和包容，正因为是家人，所以态度不像外面的人那样现实冷酷，和家人在一起总是能够获得正面的力量……

然而，这当中有多少只是理想，而非现实呢？

我曾经听一个朋友说，她因为母亲偏心手足而感到难过时，曾经向一个前辈诉苦，以为会听到一些改善亲子关系的方法，或者因为对方和母亲的年龄相近，也有可能被指责是

因为对母亲还不够孝顺，没想到对方却对她说："你母亲就是势利，就这样而已。"

听到这里，我纳闷地问："听到这种话会感到安慰吗？"

她说："有，很神奇，真的有。"

那位前辈还说："但是我不会建议你去满足一个势利的人，因为你没有这个能力，你就照顾好自己的身体，照顾好自己的小家庭，把自己的人生过好了，就是对母亲的回报了。"

姑且不论他那条"势利"的评语是否正确，毕竟每个人对他人的印象都不同，但重点是朋友从他说的这些话中得到了明确的指引——孝顺，也可以是不再努力想要改善亲子关系，把自己的人生过好就好了。

我们总以为在乎一段人际关系，就要付出非常多的心力，发现问题就要努力改善，即使长期相处得不和睦，也不能轻易放手。

放弃让关系变得更好的努力，听起来好像就代表了我们对关系不重视，不爱对方，不孝顺或者不在乎。

但人生走到一个阶段应该有的觉悟是，有时候太过努力，就是一种强求。就像过度执着的爱总是会转变成恨，因为太爱对方而希望跟对方建立理想中的关系，想要对方接受自己的爱，反而会因为心愿无法达成，最后转变为怨恨，无法原谅对方。

你心中的理想关系，跟对方心中的理想可能根本就不一样。

就像那位朋友渴望的是跟母亲多说说话，母亲给她理解和支持，母亲遇到问题时她也想给出同等的陪伴，但母亲想的是过年的红包、每个月的赡养费，还有她身为女儿"该有的"听话和顺从。

就这样，两个人对于什么才是母爱，什么才是女儿的孝顺和爱，什么才是理想的母女关系，看法可说是完全不同。

两种截然不同的想象不可能达成共识，因为双方都只想要对方成为自己期待的样子，不断质疑对方，注定只会带来不断的互相指责和痛苦。

就像她会说："陪你去看病，陪你说话难道不是爱吗？"她的母亲也会说："养你这么大，赡养费还这么少，孝顺就是让母亲过上更好的生活，有什么不对吗？"双方都坚持自己的道理，觉得对方的回应令人失望，像这样的互动就算进行再多次也不会什么结果，因为那牵涉到个人心中根深蒂固的想法和价值观。

越是想强调自己对爱、对孝顺的定义才正确，对方就越会觉得受到指责，反击的力量就会更猛。

"不再努力，是不想再彼此伤害了。"朋友这么说。

既然是真心地爱，真心地在乎，就不要为了理想中的母女关系而继续争吵和彼此折磨。不如承认她无法给予妈妈想要的那种爱，她也无法从妈妈那里得到她想要的那种爱。

两个不同世界的人放下"彼此满足"这个不切实际的目标，只要偶尔见面时还能够和谐相处，不要争吵，不会痛苦到和对方同处一室都无法忍受到想夺门而出，其实就已经很好了。

"人生最重要的是把自己过好。"这是前辈对她的提醒，亲人之间再怎么血浓于水，也是分开独立的个体，也和其他人际关系一样，合不来就不能拼命强求。

神奇的是，她放手后，和母亲的相处好像平顺了许多。有几次妈妈打来电话抱怨，她只是淡淡地回应，不去争论或反驳，以前会引起一阵争吵，或至少会勾起她一阵心痛的事情，现在却觉得也没那么严重了。

把注意力放在自己的家庭上，她可以从自己做起，尝试去实现自己心中理想的母爱，而不是徒劳无功地去改变别人。

做一个能够付出爱的母亲，比做一个等待母爱的女儿来得幸福。

当我们从追求理想的人际关系中跳脱，体会到人生最重要的还是把握自己，就能找到真正值得自己努力的目标，感受到努力就会有回报的踏实吧。

■ 谁说彼此相爱的家庭一定是其乐融融？

我们总是认为，家人之间不应该根据彼此的条件和头衔来给予尊重，不会因为你收入多，对家里的贡献多，才对你好。我们会以此要求自己，也以这样的标准来期待家人。

过年时，全家人围坐在火锅旁，每个人脸上洋溢着幸福和满足的微笑……那是我们心中共同的理想，一个"幸福的家庭"好像就应该是这样。

我是在读了社会学之后，才知道人们的很多想法和愿望，其实都会受到时代背景的影响。

如今，农业社会里人们组成大家庭、彼此依存的景象已不复存在，每个人都必须作为一个"个人"，独自面对社会上残酷的竞争，所以我们越来越希望家庭应该是一个远离现实的避风港，一个温暖的堡垒，在家庭当中很多事情的规则都跟外界社会是不同的。

例如，进入社会就必须掩饰自己，去符合社会对成年人、男人、女人、员工等角色的理想化设定，因此我们渴望回到家里可以"做自己"，不用那么一板一眼，事事遵守角色的规范，可以有一些偷懒，甚至是耍赖的空间。

无论是在学校里，还是在职场上，外界环境总是充满了压力，需要与人竞争，需要拿自己的能力和资源作为交换条件，才能得到我们想要的东西。因此我们更希望家是一个不用竞争也能够得到援助的地方，这些援助包括无形的爱和精神支持，以及有形的人力、物力的帮助。

"家人之间，互相帮助是理所当然的。"许多人这么说。

还有在社会中，人与人的交往常常取决于现实的条件，那些拥有较高的经济基础和社会地位的人，会被更多人友好地对待，虽然大家都是本着互惠互利的前提来往，但总之我们越认为社会是冷漠的，就越期待家庭是温暖的。

我们总是认为，家人之间不应该根据彼此的条件和头衔来给予尊重，不会因为你收入多，对家里的贡献多，才对你好。我们会以此要求自己，也以这样的标准来期待家人。

然而，就在不到一个世纪以前，家庭还是一个用经济功能来划分的单位，结婚是为了两个家庭彼此交换不同的资源，女性必须依赖丈夫才能获得社会地位，也才能保障生存。父母生养孩子是为了增加劳动力，有家业的家族则是为了培养继承人，总之家庭里不是没有爱，但其本质更是"为了生存而结成的社会团体"，家庭的现实意义超过了它作为精神的支柱。

在有些社会中，人的精神支柱只有宗教；历史上也有很长一段时间，恋爱或男女之情，也不被当作理想婚姻的基础。

整理家庭在历史中的演变只是要说，生于这个时代的我们，会很自然地期待家庭是爱的港湾，希望自己在家庭中是一个付出爱也得到爱的角色，即使成年之后，也总是想用自己的表达方式，让父母知道我们是爱他们的。

但是在不断努力却不断受挫之后，或许我们可以闭上眼睛，试着想象自己穿越了时空，经历了过去、现在和未来，也许就能发现我们的价值观是这个时代的价值观，父母的价值观却是他们那个时代的价值观，未来我们的孩子长大以后，随着社会的变迁，一定也会产生新的想法和价值观……那么我们就会知道，即使是在同一个家庭里的成员，父母与子女，因为生活时代存在着的巨大差距，双方的价值观也无法全然相同。

身为孩子的我们常常感受到被父母要求时的压力，同样地，我们也有对"理想家庭"的期待，要求父母倾听我们，无条件地给予我们温暖，这也会对他们造成压力。

可不可以放下这些期待，让对方，也让自己重获自由呢？

既然我们都已经长大成人，想要一个温暖而令人安心的栖身之所，这样的心愿并不需要寄托在父母身上，我们可以靠自己去建立和实现。

■ 不做等待父爱或母爱的孩子

有人说过，不管年纪多大，父母看见我们，就像看见当年那个事事以父母为主的年幼的孩子。而我们也一样，在面对父母时，也会因为像个孩子那样有所期待而变得多愁善感。

如果父母强调用金钱来表达孝顺、用顺从来表达爱，那是基于他们所处的时代背景，做子女的无法重塑父母心中已经根深蒂固的想法和价值。

即使我们希望跨越不同思维框架的限制，让自然的情感在家人之间流动，但如果双方对于"爱"有着完全不同的想象，并且坚持只有自己所定义的才是"正确的"表达方式，那么，即使彼此相爱，也还是很容易演变成相互怨恨。

不被爱的感受可能比被爱的感受还要强烈，被束缚、被期望的压力也总是让人更想要挣脱。当父母渐渐衰老，开始感受到生存的危机，唯恐子女不爱自己，不照顾自己，那么他们更想要加强对子女的控制。

相对地，子女作为年轻的一方，其实是有弹性去调整自己对爱的需求的。如果父母无法以自己期望的方式爱自己，那么就可以放下对母爱或父爱的期待，转换角色在自己的小家庭里去努力。如果从父母那得不到渴望的认同，就该提醒自己，自己已经不再是那个等待父母赞赏和喜爱的小孩子了，一个成年人应该有付出爱和关怀的能力，可以给自己想要的鼓励和认同……

就像这样，让自己不再做一个等待理想父爱或母爱的孩子，而是把精力放在自己和自己的小家庭上。成年之后，除了经济上的独立，精神上的独立也是成长的重要环节。

当然，人在逐渐实现独立的时候，难免会觉得痛苦。

有人说过，不管年纪多大，父母看见我们，就像看见当年那个事事以父母为主的年幼的孩子。而我们也一样，在面对父母时，也会因为像个孩子那样有所期待而变得多愁善感。

在心理上要和父母保持彼此的独立，以同为成年人的立场平等而互不干涉地相处，要做到这样其实并不容易，也是我们一辈子的功课。在努力的过程中可能会有更多的矛盾，但是只要朝着各自独立的目标，保持正确的方向，最终彼此都会过得更加自由。

从相处方式来看，世上没有不偏心的父母

我曾在心理咨询师邓惠文的文章里看过一个故事。在医院里照顾父母的成年子女，到了父母临终弥留之际，还忍不住在他耳边不断地说："我是谁谁谁，我对你比较好，你知道吗？"

暂且不谈这是不是为了遗产分配所做的努力，这个故事主要想传达的是，渴望父母认同我们，相信我们的爱，对我们说一句"你真是个好孩子"……这种为人子女的心情，即使我们已经到了中年、老年，只要父母还健在，就无法停止。

但是父母对子女的看法、偏爱，或者对每个子女采取不同的态度，这是子女无法改变的事情，所以我们会时常感到失落和痛苦。

还有些父母有所谓的"惯用子女"，这也是邓惠文那篇文章中的用语，是指那些父母叫得动、可以使唤的孩子。负责照顾父母、陪伴看病的通常是某一个孩子，但父母是否会因为这样的付出而多爱他一点？结果却总是令"惯用子女"感到失望。

有个朋友说，他觉得父母好像会按照不同的"功能"来看待子女，像是这个孩子负责自己情绪上的需要，所以面对这个孩子时就会比较任性、会迁怒、会乱发脾气，但是另一个孩子负责满足父母"被需要"的需要，于是父母对他不断地付出，帮忙做家务、照顾孙辈而毫无怨言。

就算父母总说"手心手背都是肉"，不认为自己有偏爱，但是因为渴望得到爱而变得敏感的子女会时时观察着父母的反应，很容易就能察觉父母对谁更加包容，在面对更喜欢的孩子时不自觉地露出更多的笑容。在这种时候与其去争论"你明明就偏心"，还不如把注意力放回自己身上。

在与父母的关系上，如果自己是子女当中不受偏爱的一方，那么内心难免会有失落和寂寞，但这种寂寞就跟其他人际关系上的寂寞一样，是人世间的必然。

很多事情决定权并不在我们的手上，努力也不能改变他人对我们的想法，尤其是父母对我们的想法和态度更难改变。

如果论起最基本的情感，或许父母对每个子女都同样付出了感情，但问起跟哪个子女比较合得来，就一定会有先后顺序。对于这些必然会发生的事情，如果我们能够降低期待，说服自己接受比较不被偏爱的事实，就能减少自己的失望和痛苦。

降低期待不只是为了和对方建立和谐的关系，也是为了让自己放下不能实现的目标，从而获得自由。

与人相处我们只求真心诚意，问心无愧，要看淡对方的回应，对于别人怎么想，是不是回报以同样的情感，不能强求太多。

Chapter 5

姻亲之间，缘分不能强求

■ 不要把所有人的认同，当成人生的目标

不要把关系好不好、相处是否融洽、会不会很主动地见面或聚会，都当成是自己一个人的责任，在心里提醒自己：不管是什么样的人际关系，都很讲缘分，强求不来。

想要和公婆、小姑、妯娌处好关系，可能是每个已婚女人的愿望吧。即使自己并不是那么在乎，但感觉到对方不喜欢自己甚至是讨厌自己的时候，还是会多少感到难过。

但是如果要求自己一定要与这些姻亲处得来，获得他们的喜爱和认同，那么最终除了失望，还会因此失去很多自由。除了职场上的人际关系是即使不喜欢也必须配合的，其他的私人关系，要不要彼此配合，都是每个人主观的选择。

你有可能会不喜欢你的某些姻亲，那是你的自由。对方

也可能不喜欢或不认同你，那也是他的自由。就连原生家庭里的亲人，都有可能因为彼此性格不合而无法沟通，动不动就剑拔弩张，更何况原本就是陌生人，因为婚姻才结成了不得不相处的这种关系呢？

所谓"好女人"，就一定会是个好儿媳、好妯娌，在新的家族关系中也能如鱼得水，获得所有人的欣赏和接纳，这种纯属不切实际的想象，就把它放下吧。

如果你和公婆、妯娌或者是其他亲戚相处得不那么好，你就说服自己看开一些，接受这是再正常不过的事情，不要陷入"是不是我哪里不够好"的自我怀疑，也不要抱有"只要我再多努力一点，就可以改变他对我的看法"这种希望。只要想想那些真心喜欢你、接纳你的家人和朋友，对你充满善意又毫无所求，你就会知道，真正的缘分和好感并不是努力求取而来，而是自然而然地产生的。

在因为结婚而形成的家族关系中，只要相处还算平和，见面时彼此不至于痛苦，其实就算是不错了。不要把关系好不好、相处是否融洽、会不会很主动地见面或聚会，都当成是自己一个人的责任。如果因为家族里的人际关系感到不愉快的时候，就要默默提醒自己：不管是什么样的人际关系，都很讲缘分，强求不来。

■ 得不到肯定的儿媳vs讨人喜欢的女婿

女人没有必要为了成为好儿媳，而一再地要求自己忍让，而是该学习男人的坦然，就算别人用儿媳的滤镜看待我们，也要告诉自己，婚姻关系的重点，不是解决所有婆媳问题和姻亲之间的冲突。

一个朋友跟我说，她曾经因为在一件事情上没有扮演好传话筒的角色，让先生被家人批评"不是一个好女婿"，虽然不是当着夫妻俩的面说，而是辗转听到这样的评论，作为妻子的她还是感到有些受伤。

朋友觉得自己的先生被误会，也为自己家人对他的成见太深而烦恼，没想到先生却是一副无所谓的样子，说："那又怎样，他们不喜欢就不喜欢啊。"被认为是好女婿或坏女婿，对他来说都一样，在婚姻关系里根本就不是重点。

和为了做好儿媳而不断奋斗的女人相比，男人真的是潇洒太多了。虽然大家都说结婚就是两个家庭的结合，但是真正感受到来自家族的压力变成双倍的，还是变成儿媳的女人。

有些女人就算自己有工作，也天天为全家人煮饭洗衣，照顾公婆也不假他人，但无论付出多少，都被认为是"儿媳的本分"。相对地，女婿只要参与家庭聚会，过年包个红包，偶尔请客，就会被赞美是个好女婿了。

看着男人当女婿的样子，也觉得随着时代改变，女人没有必要为了成为好儿媳，而一再地要求自己忍让，而是该学习男人的坦然，就算别人用儿媳的滤镜看待我们，也要告诉自己，婚姻关系的重点，不是解决所有婆媳问题和姻亲之间的冲突。

通常夫妻关系好的家庭中，婆媳问题自然就会淡化。只要夫妻有共识要维护自己的小家庭，就不会让这种关系影响甚至危及婚姻。所以无论是儿媳妇讨厌公婆，或公婆讨厌儿媳妇，这样的后果都只是反映婚姻关系的一面镜子，可以看出夫妻两人对于自己家庭和原生家庭的优先顺序有没有共识。

丈夫和你没有共识，才是真正的问题

许多女人婚后和婆家关系紧张，大多是因为丈夫对家庭问题的处理欠妥当的结果，例如总在中间传话，无论是好的坏的，全部如实转述给妻子，或者对于来自原生家庭的要求，明明是自己不愿意，却推托说"我老婆不想"，让家人把矛头全都指向妻子。

像这样把原生家庭的压力转嫁到妻子身上，让妻子为了改善和婆家的关系焦头烂额，自己则像事不关己一样，就是说明了在夫妻双方还没有达成"要优先保护小家庭"的共识，提到"自己家"时，先生心里想的还是原生家庭，没有做到精神上的真正独立。

如果先生在精神上与父母紧密相连，就极有可能会危及自己的婚姻，因为他无法独立判断家庭事务的轻重缓急，遇到压力时不能第一时间维护自己的小家庭，而是还依赖、指望着在原生家庭的庇护下逃避自己在婚姻中所造成的冲突。

如果能知道守护和妻子组成的新家庭是自己最重要的责任，就不会一切都任由自己父母或手足来评论或插手，当他们批评自己的妻子时，也就不会只想让妻子做出妥协，换来原生家庭的好评。

自己的伴侣能否获得原生家庭的认同，对于在经济上和精神上独立的成年人来说，并没有那么重要。如果双方能相处和睦，相谈甚欢，当然最好；如果不能，新的家庭和原生家庭之间就要保持一定的距离，维持必要的交往就好。

对于父母来说，无论是精神上感到寂寞，或生活上需要别人照顾，首先想到的都是自己的亲生子女，而非女婿儿媳，但在常常求之不得之后，又不愿伤害和亲生子女之间的感情，才将矛头转向表面上是家人，内心里却永远觉得是外人的女婿或儿媳。

所以当与公婆或其他姻亲的关系紧张时，与其想方设法地去改善，努力当个他们眼中的好儿媳、好大嫂，还不如好好经营自己的婚姻，和伴侣好好沟通取得共识，只要夫妻关系稳固，那些纷争就会自然落幕了。

相反地，如果伴侣丝毫没有要从原生家庭独立出来的意愿，你做个再好的儿媳也毫无意义。要解决任何问题，还是要回到自己的婚姻里去解决。不要让别人用"好儿媳"的条条框框绑住自己，傻傻地以为问题真的出在自己身上。想要在姻亲面前努力表现来争取伴侣的认同，即使暂时获得了对方"做得还不错"的肯定，自己内心也不会觉得踏实。

作为丈夫，他本来应该和你站在一起，那才是你们结婚的初衷。如果他任由自己的原生家庭插手干涉新家庭的生活，还给你贴上"不合格的儿媳"的标签，那会让你感到孤立无援，伤害彼此的感情和互信，最终动摇婚姻的基础。

■ 婆媳问题，是亲子之间独立／放手的拉锯

所有亲子关系的问题都可以呈现为婆媳问题，即使意见不合，儿子也可以避免跟父母的正面冲突，只需要说"我老婆跟我妈处不来"，就不用为了父母的不悦而感到为难或内疚，也不需要想办法和父母沟通。

其实很多时候，与姻亲的问题根源都在于自己和伴侣的问题。有些人选择结婚，并不完全是因为憧憬婚姻生活，而是想找一个人替自己承担或解决与原生家庭之间的问题。

比如，他受不了父母的管控和约束，可能连父母的日常关怀或唠叨都觉得烦，所以他想让父母把注意力都转向儿媳妇。而父母的心里也期待儿媳妇能帮忙管好儿子、代为向儿子传话，那么，他们的唠叨和提问的对象就变成了儿媳妇。

有些人工作忙碌，但是下班后只想做自己的事，想拥有

自由的时间而不是很想陪伴父母，他就要求太太"你就多帮我陪陪妈妈""只是陪他们看一下电视而已""希望你把我爸妈当成自己的家人"……于是太太下班后只能待在客厅，公婆的注意力转移到儿媳有没有帮忙洗碗、对婆婆的手艺有没有赞不绝口、好奇儿媳的工作如何……这时，做儿子的就可以放松心情，因为他知道父母那没完没了的关切，已经转移到儿媳身上去了。

这样的情况未必是关系不好，而是在面对独立和分离的时候，一方想要挣脱而另一方却不想放手。亲子关系的分离一直都是个困难的课题，特别是当父母已经年老，又没有自己的生活乐趣和人生目标的时候，就会特别希望与子女之间没有距离或界线，但子女的状态正好相反，他会很渴望自己的空间和自由。这时如果有儿媳的加入，就会被他们当作一个"改变的契机"，而他们的这种想法，对于新加入的儿媳来说，却是沉重又看不到尽头的负担。

所有亲子关系的问题都可以呈现为婆媳问题，即使意见不合，儿子也可以避免跟父母的正面冲突，只需要说"我老婆跟我妈处不来"，就不用为了父母的不悦而感到为难或内疚，也不需要想办法和父母沟通，因为"是他们处不来，其实我怎样都可以"。

然而事实上，就拿陪伴父母这件事情来说，没有回父母家就一定要带上老婆的道理，如果自己陪伴是足够的，父母也就不需要儿媳妇来满足这种心理需求。

没有人是为了给别人当儿媳或者当女婿才结婚的，都是为了组建和经营自己的新家庭这个目标而结婚。婚后一旦发现自己要负担对方与原生家庭的问题，突然变成传话筒或者要负责缓和气氛，一定会觉得事与愿违而感到心情沉重。这时如果对方又用"爱"或"责任"这种言辞来掩饰自己的真实意图，就会因为爱对方，不忍心看到对方为难，或者是"这好像是我的责任，因为大家都说这是我的责任"，从而困惑又无奈地承担起这个任务。

但是，解铃还须系铃人，儿媳妇作为一个身处他们亲子关系之外的人，实际上是没办法解决这个问题的。

■ 世界上没有不被讨厌的人

因为每个人都有自己的想法和感受，都是站在自己的角度看事情。所以就算你尽力不去影响他人的利益，但站在他人的立场上看，只要他不是利益最大的一方，他对你的做法就可能不会感到满意。

有个朋友跟我说，她因为跟婆家关系不好而觉得很难过，很想知道自己究竟做错了什么，会让对方不是冷言冷语，就是大发雷霆。

我听她一一细数这件事情，她是怎么想的，她为什么会那么做、那么说，但对方的解读却又是完全不同，让她很受打击。

我听了之后，真的很想说："放下吧，真的只能放下。"以前的我会觉得事情还有回转的余地，但现在的我越来越觉得有些缘分是命中注定，就连有血缘关系的家人，都未必合得来，更何况是没有血缘关系，也没有一起成长、一起经历许多家庭时光的人呢？

真正有缘建立良好关系的人，是无论你怎么说、怎么做，都对你有一种正向的信任。而有些人，无论你怎么琢磨和调整自己的言行，想让对方相信你的善意，对方却还是很容易被激怒，总觉得你在讽刺或暗示他什么。遇到这种情况就应该知道，对方跟你合不来，不用再继续努力下去了，把时间留给真正喜欢你的人吧。

没有人会无聊到与全世界为敌，但是再怎么追求和谐，能够愉快相处的人最多也只有人际圈的九成，最少也会有一成是用不同的眼光看你。女人却因为太在乎自己在别人眼中的评价，担心别人讨厌自己，就执着于如何改善这不到一成的人际关系，反而忽略了自己还有八九成的美好和真实。

这是一种自己创造出来的不自由，却也是自己可以放下的枷锁，只要放下"别人不应该讨厌我"的想法，不去追求做个讨人喜欢的女人，安心地做你自己，就不会为了无法达成的目标而白费力气。

不要害怕"被人说坏话"这件事

女人害怕被讨厌还有一个原因，就是怕讨厌自己的人在外面到处说坏话，影响到自己的名誉和与其他人的人际关系。

因为很清楚流言可能颠倒是非，一旦流言被太多人相信，自己就会百口莫辩，害怕成为众矢之的，所以从一开始就努力打好和别人的关系。

但现实是，即使再怎么随和好相处的人，也有可能被别人在背后说坏话，因为每个人都有自己的想法和感受，都是站在自己的角度看事情。所以就算你尽力不去影响他人的利益，但站在他人的立场上看，只要他不是利益最大的一方，他对你的做法就可能不会感到满意。

此外，很多场合都会有能够操控局面的人。你要明白，别人附和他，甚至合伙对你施压，也可能是因为那个人在当下的影响力，而不是因为你个人做错了什么。

我们常以为只要自己问心无愧，总会"日久见人心""好人有好报"，特别是在私人关系中我们更希望能保持友善和睦，但这种想法还是太过天真，现实往往事与愿违。

追求问心无愧是为了让自己过得自在坦荡，而非在所有人际关系上都能圆满。只要在那几个最重要的关系上，双方能够彼此尊重，维持良好沟通，其实就已足够了。

■ 接受现实，有些人就是"不喜欢你"

为了改善关系而改变自己，未必就能达成目标，但必定会失去本该属于自己的自由，而且，对于那些本来就喜爱你真实样子的人来说，这种牺牲也是不值得的。

或许有人会问："那就任由那些人讨厌我吗？任由他们批评、说坏话，而不去努力改善彼此的关系吗？"

如果努力可以带来改变的话，那确实是值得去做，但问题是在家庭或更大的家族关系中，争取别人认同这件事情，并不像在职场上工作那样，可以用客观的成果和共同利益去说服他人。

在私人关系里，一切都以人的主观想法和情感为基础，所以你的努力未必能换来别人的认同。每个人的心里都有对别人的期待和想象，当你以儿媳、妯娌、嫂子这样的角色进入家庭，就像是进入别人想象的框架里。别人对这个角色的期待越少，你就有越多做自己的空间。反之，期待越多，你就越难跳脱，也越难以令人满意。

"只要你能……人家就不会这样对你。"这种说法就像诱饵，让你误以为只要稍作妥协，满足对方的期待，就能改善跟他之间的关系。

然而，这却是一个陷阱，一旦陷入，就可能被对方在精神上牢牢控制，不得自由。

还有一些总是看你不顺眼的人，也许是因为你身上的家庭角色，比如儿媳、妯娌、嫂子，原本就让他感到压力，无论处在那个位置上的人是谁，所以他针对的并不是你个人，那么即使你照他的话去做，你还是一样"不讨人喜欢"。那些说着好儿媳、好妯娌、好姑嫂就应该怎样怎样的人，其实只是想把压力和责任单方面推给你。

就像我们交朋友一样，也觉得友情这件事有时候很难解释，会莫名地喜欢或者讨厌一个人。而婚后和姻亲的关系，其实也是类似建立一种友谊的关系，谁也无法掌控别人的心意。

这种想法用来看待与姻亲的关系可能是崭新的。因为传统文化认为，女人的美德是配合和顺从，即使自称开明的父母也未必能够彻底摆脱这种观念，所以如果他们听说你和婆家某些人关系不好，可能第一反应就是要你"反省自己"。

就像和父母发生冲突时，父母会认为错在子女。这种父母的威权牢不可破的思想，导致在儿女结婚后，无论自己是扮演公婆或岳父母，或者是看待自己儿女和亲家之间的关系，都很难去鼓励孩子做原本的自己。

所以，我要给自己力量，相信自己的判断，为自己的努力设定止损点，在关系不如意时，告诉自己尽力了就该适可而止。

为了改善关系而改变自己，未必就能达成目标，但必定会失去本该属于自己的自由，而且，对于那些本来就喜爱你真实样子的人来说，这种牺牲也是不值得的。

■ 婆婆讨厌的是她自己的生活，而不是你

她讨厌的是"成为婆婆"这件事情，讨厌自己在儿子的人生中屈居第二，换句话说，她讨厌的是自己现在的人生阶段和生活。但在内心深处，她未必能够认清并承认这个事实。

因为现实中的立场不同，比如对方是你的婆婆、小姑、妯娌或同事，这样的立场可能让她从一开始就戴上了有色眼镜来看你。这其中可能包含了她无法达成的心愿，她的遗憾和怨恨，或者因为竞争而产生的紧张情绪，让她无法对你抱有好感，这是你再努力也无法改变的。

就像有些人想方设法地讨好婆婆，希望婆婆不要总是对丈夫说自己的坏话，或者装出一副可怜的样子，好像自己是个虐待公婆的恶媳，于是送礼物、陪聊天、请客吃大餐或旅

游，一切都把婆婆放在第一位，只希望婆婆能够开心。

但这样的努力有时候不只是徒劳，还可能带来相反的效果——因为"做得多，错得多"，婆婆嫌弃的事情也就多了，同样的事情如果是小姑或是小叔做的，就是很孝顺、很令人感动，儿媳妇来做就是别有居心。

遇到这种情况很难不沮丧吧，也会疑惑自己究竟做错了什么。然而，问题的关键不在于你是谁、你做了什么或是你的个性如何，而是你是她的儿媳妇这个事实。

就像在职场上竞争同一个职位的人，各自的立场已经注定了彼此是敌人，对于无法接受儿子结婚后生活的重心转向了另一个女人的婆婆来说，她的排斥和对你的负面评价，其实跟你个人毫无关系。

她讨厌的是"成为婆婆"这件事情，讨厌自己在儿子的人生中屈居第二，换句话说，她讨厌的是自己现在的人生阶段和生活。但在内心深处，她未必能够认清并承认这个事实，只能把不好的情绪发泄到作为儿媳妇的你身上，或许还会自欺欺人地强调："我很高兴儿子结婚，但是这个儿媳妇实在不讨喜。"

你如果没有察觉她内心的矛盾，而是把所有表面的说法听进了心里，就会为了成为她心中讨喜的儿媳妇而费尽心思，却注定白费力气。

人际关系的发展是双向的，你可以选择付出善意，对方也可以选择要不要以善意回应你，而这就关系到对方的人品、价值观以及心智的成熟程度。既然这些都跟你无关，你就不需要为此再苛求自己。

　　所以，在与姻亲的关系上，如果你已经尽力了，结果却总是不尽如人意，那不如就顺其自然吧。那些相信你的善良，会在你需要时伸手援助，给你一个理解的拥抱的人，才是你需要去珍惜的。

Chapter 6

婚姻，一种不自由的幸福

■ 已婚者寻求答案的过程

　　在婚姻里，所有美好的幻想都是短暂的，我们会看见自己和对方的极限，也看清自己想对对方好、想给对方幸福的同时，其实更希望对方让我们过得幸福快乐，一旦对方无法满足期待，我们就会感到哀怨和痛苦。

　　朋友看完《在婚姻里孤独》之后，让我写一本书劝世，主旨就是叫女人不要结婚，才能实现更多个人自由。

　　但我觉得这样的书已经很多了。单身的自由是不言而喻的，也有越来越多的人开始怀疑婚姻的意义，特别是身处婚姻中的人，总是一边自问着到底为什么要结婚，一边继续前行。

　　婚姻意味着对个人自由的限制，所以我们其实是一直在自问："是什么让我放弃自由？难道在人生中，还有什么比自由更可贵的吗？"同时也在努力寻找自己的答案。

最初，当然是因为爱。结婚，是因为想和爱人一起生活，所以很自然的，当生活的琐碎和压力让爱的热量渐渐消退，就会开始为自己当时的决定感到困惑。

已婚的人总说，婚姻是一种修行，因为要和另一个人朝夕相处，并且无法轻易从关系中撤退，这不仅限制了自由，也逼着你去面对起伏不定的关系，面对自己和对方真实的样子，考验着人的情商和修养。

在婚姻里，所有美好的幻想都是短暂的，我们会看见自己和对方的极限，也看清自己想对对方好、想给对方幸福的同时，其实更希望对方让我们过得幸福快乐，一旦对方无法满足期待，我们就会感到哀怨和痛苦。

这样的矛盾能让我们不再抱有不切实际的幻想，相处的压力也能让我们更了解自己和对方，承认自己只是一个凡人，和另一个同样平凡的人正在学习如何相处。

如果两个人能达成这样的共识，就可以为接下来的人生做出更适合自己的选择。从这个角度来看，婚姻的不自由，也能对未来实现真正的自由有所帮助。

一定会有人对这样的说法感到困惑："婚姻真能让未来的人生更自由吗？"

特别是身为女人，结婚后不仅成了妻子，还成了婆家的儿媳、孩子的母亲、已婚的女儿，人们对这些角色的诸多要求，让女人觉得自己已经踏入了一个牢笼，找不到重获自由的出口。

如何不让人们对这些角色的期待，变成我们生活的全部，让伴侣尊重我们的自由意志，并且支持我们的选择，我想这就是婚姻被视为修行、能够磨炼智慧的理由了吧。

停止自苦，就是一种自由

通常来说，从别人的经验中学到的东西非常有限，所以如果不是自己结婚，体会过婚姻关系中的种种矛盾和压力，即使别人的故事听得再多，也很难真正体会为什么婚姻被叫作围城。

婚姻中的人会得到一定安全感，被视为已婚者也有利于摆脱社会对单身的种种污名，但同时也会强烈地感受到这里的不自由，甚至是孤立无援。

我在思考什么是在婚姻里可以实现的自由，当然要排除那些活得仍像单身时一样"不负责任的自由"，我发现其实说来简单却也不容易实现的自由，就是"停止自苦"。

社会对于理想婚姻的描述，让许多人带着误解走入婚姻。这些误解包括"好的婚姻就是找到一个灵魂伴侣""世界上有所谓天造地设的一对""和对的人在一起就不会感到失去自由""对方是比自己还了解自己的人"……因为这样的误解，我们追求着不切实际的目标，忽略了自己已经拥有的平凡而宝贵的幸福，进而不断伤害自己和对方。

然而，现实中的婚姻就是两个独立的个体承诺要彼此约束，以建立双方都可以接受的生活为目标，以让出一部分的个人自由为基础。而这个目标是否能够实现，关键在于我们是否用正确的方式看待婚姻，去学习和另一个人沟通和相处。

不要再用那些凤毛麟角的、理想的爱情神话来看待婚姻，也不要再用"灵魂伴侣"的想象折磨彼此。在婚姻里停止自苦，你就能得到自由。

■ 沟通，要先了解真实的自己

知道自己想要什么，做不到什么，诚实地说出自己的需求和底线，这样才不会在不知不觉中，为了保护自己而迂回地指责了对方。

再怎么幸福的婚姻，还是会有矛盾和误解的。特别是在两人争吵过后，并不会像偶像剧里演的那样，因为解开误会而彼此拥抱，和好如初。反而是因为第二天还要上班，或者小孩还在睡觉，只能怀着对彼此的不解和满腹委屈，相背入眠。

人总是在这种时候怀疑自己结婚的意义。放弃单身的自由，难道就只为了和不理解自己，还说话伤害自己的人生活在一起？但是时间无法倒流，心头涌起的悔恨、自我怀疑、无助的感伤，就像一个黑色旋涡把心情拉到谷底。

每个人的婚姻中或多或少都有过这样的时候，当然也包括我，但是每当我冷静下来、恢复理性之后，我会很庆幸自己没有因为情绪低落而口不择言地说出伤害对方的话。因为事后冷静地思考，总会发现那些误解和伤害与其说是对方单方面造成的，不如说是双方都在火上浇油。

明明两个人开口前都不想造成伤害，而是想传递出于好意的或求助的信息，但是双方的沟通总像是隔着一层扭曲的棱镜，说出来的话变成了夹刀带棍的指控。

内心脆弱时，我们往往会伪装自己，用强悍或带有攻击性的方式去跟对方相处，误以为自己把一切都说得很清楚，但其实当时的态度只会使对方产生误解或疑惑。例如，明明想说的是："我很累，很想要坐下来休息。"话到嘴边却变成了："你没看到我在忙吗？为什么还坐着不动？"我们对外人会礼貌地说："可不可以帮我这个忙？"回到家里面对伴侣却怒气冲冲地说："你为什么都不帮我？！"

如果你在日常对话中，常常有这种"表里不一"的落差，还幻想着对方能自动过滤掉这些表面的强悍，读懂我们的脆弱，那么，快醒醒吧，别再折磨自己也折磨对方了。

我在结婚后才逐渐领悟，原来真正的沟通并不是像所谓沟通专家所说的，要把握一些能够操控人心、取得共识的技巧，或者"女人就是要会撒娇""聪明的女人嘴甜"。

要做到真正的沟通，首先要学会了解并接受真实的自己，不怕表现出自己真实的样子。

知道自己想要什么，做不到什么，诚实地说出自己的需求和底线，这样才不会在不知不觉中，为了保护自己而迂回地指责了对方。

沟通时的主语必须是自己，要说"我的想法是……""我觉得……"，而不是"你为什么要……""你为什么不……"。当沟通达不到期待的效果时，就要检查自己是不是因为无法直接、坦率地向对方传达真实的心意，不敢向对方说"我觉得"，所以变得拐弯抹角或者旁敲侧击。

其次，两个人的沟通必须是平等的。如果像某些沟通专家所说，先了解对方想要什么，然后像丢出诱饵那样提出交换条件；或者是趁着对方情绪脆弱、无法好好思考的时候，达成说服对方的目的，这些在本质上是对他人的操控，并不是沟通，就更谈不上尊重了。

总之，婚姻中那些误解和矛盾，也许是我们自己制造的困境，在没有必要争吵的时候点燃战火，伤害彼此甚至危及婚姻关系，还误以为自己的问题是一开始就爱错了人。

◼ 认清婚姻和家庭的现实

有人会说："家人之间，一点小事干吗这么客气，还说谢谢？"但如果这是常常伸出援手的一方说出来的，那一定不要对这样的寒暄当真，进而真的不再表达感谢。因为绝大多数人都希望自己的付出能得到对方的回应和感激，哪怕只是一点点的认同。

曾经看过一本两性专家写的书，书中建议女人在家，要像在职场中工作那样努力，具体来说，就是把公婆当成上司，把丈夫当成同事，在职场上我们会随时注意的事项，例如时常面带笑容、有礼貌地应对、要用对方听得懂又不冒犯他尊严的方式与之沟通……这些在家里也都要一一照办，只有这样才能获得幸福。

我当时看完之后觉得有些道理，却又不想完全认同，毕竟，无论是男人还是女人，都不会希望上班时在职场，下班后又回到另一个职场吧。

然而，经过几年婚姻生活的历练，特别是在有了两个孩子之后，我重新想起了书里的这些观点，突然觉得好像没那么排斥了，好像终于理解了为什么她会这样说。因为我也察觉到，一旦我们期待"家庭和职场应该不一样"，强化两者的差异，就有可能让自己的"努力"搞错了方向。

我们总是认为家庭应该跟职场不一样，与职场相比，家庭应该让我们能放松心情，不需要那么多繁文缛节甚至是礼貌，家人之间的对话相处，也不应该像职场中的人际关系，需要考虑"部门的目标是什么""和对方的共同利益在哪里""怎么说才能够不伤害对方尊严地表达自己意见"等。

但是，很多已婚的人会发现，如果能时常考虑到这些，也做到这些，家庭关系就会和谐很多。比如最简单的，对家人讲话多点礼貌，不要因为预设了"在家就是要放松"而从来不说"请""谢谢""对不起"。不管是自己还是对方，就算只是帮家人递双筷子这样的事情，能从对方那得到一句"谢谢"，人的心情也会完全不同。

养成这样的说话习惯，并不会增加压力，却能增进家人之间的感情和互相帮助的意愿，如果是一句谢谢都没有的情况，反而会让彼此都不太想帮对方。

有人会说："家人之间，一点小事干吗这么客气，还说谢谢？"但如果这是常常伸出援手的一方说出来的，那一定不要对这样的寒暄当真，进而真的不再表达感谢。因为绝大多数人都希望自己的付出能得到对方的回应和感激，哪怕只是一点点的认同。

一旦自己为对方提供了帮助，对方却没有任何表示，而是理所当然地接受，内心深处总会有种失落。而很多家庭问题的起因，往往就是这样一件件看似再平常不过的小事，心中的不平逐渐累积，最后爆发出"谁为这个家庭付出更多"这种没有意义的争论。双方都强调着自己的默默付出，但即使在这种争吵中吵赢了，也没有人会因此感到幸福。

男人和女人都一样，只要是怀着诚意和对方共组家庭，就会希望对方对自己的付出有所表示，与其说希望对方做出实际上的回报，不如说希望对方"因为我的付出而感到幸福"。

无论是努力工作为家人提供更好的生活，还是打扫做饭，安顿生活的方方面面，还是在有孩子之后放下一部分的工作，给孩子更好的陪伴……这些都是无法用金钱来计算的付出。但如果在家庭当中，也能像在职场那样，保持应有的礼节和尊重，把对方的需求时刻放在心上，这样，双方的付出都能得到肯定和回报。没有人在心里压抑着失望和不满，那么家庭气氛才会更加温暖融洽吧。

■ 当你说"这不是我要的生活"

我在几次沟通未果后逐渐学会了，沟通之前不要期望对方有多么善解人意，也不要幻想"只要他爱我、关心我、在乎我，就一定会懂"，而是接受另一个更符合现实的预设："他不是我，所以他一定不懂。"

朋友跟我说，有一次她和先生吵架时脱口而出："这不是我要的生活。"结果先生冷冷地回她了一句："一切都是你自己的选择。"这让她觉得先生一点都不懂得她的心情，甚至落井下石，心里更加难过。

同为女人，我其实可以理解这句话背后的意思。"这不是我要的生活"，虽然听起来像是抱怨，但也是在陈述事实。女人在结婚生小孩之后，会受到前所未有的束缚和挑战：原有的家庭关系会突然变得密切而紧张，本来小夫妻可以自己度过周末，现在可能每周都要回公婆家让他们看看小孩，长辈也会想要插手孩子的教育；孩子还小需要自己劳神劳力，重回职场的路又充满崎岖。

而男人即使有了小孩，旁人看待他们的方式也不会有太大改变，只要工作赚钱回家，就会被认为尽到了家庭责任，所以对他们来说，女人的压力是他们难以理解的。

就像上文提到的，我们在情绪脆弱时，容易陷入难以表达自我的困境。"这不是我要的生活。"这句话的信息量太大，给了对方各种负面解读的可能，也因此对方不可能第一时间善意地回应"那什么是你想要的生活呢""我能为你做什么呢"，对方只会觉得这句话暗示着"我后悔跟你结婚"，因而受到伤害，本能地做出反击了。

就这样两个人都觉得错在对方，是对方不理解、不体谅自己，进而对彼此的感情产生怀疑，各自伤心，而原本争论的问题也自然无法解决。

把重点放在"如何解决问题"上

女人时常苦恼，该怎么做才能让对方懂得自己的辛苦，让对方多一些同理心。特别是在成为母亲之后，有很多只有女人才会遇到的难题，如何让伴侣愿意倾听自己，了解自己的烦恼并共同解决问题，就成了夫妻相处时重要的课题。

然而，我本人却在寻求理解的时候屡次碰壁，无论怎么说，都被对方当作抱怨而受到反驳。在这之后，我试着把自己放在对方的立场上去思考，才发现或许是我思考上的盲点，导致了沟通失败。

这个盲点就是，我觉得对方要懂我，要和我感同身受，才能解决问题。

但是懂不懂和问题本身是两件事，如果把目标放在解决问题上，就可以直接针对这一点进行沟通，不用非要对方了解问题的所有渊源，了解我们心里的一切想法和情绪。

每个人的经历和情绪都只属于自己。我们不可能让另一个人来经历自己的生活，更不能奢望别人和我们有相同的体会。就连同为女性，同为母亲，女性之间的相互理解也是有限的，每个人的生活本来就是冷暖自知。

希望对方懂，也许是自己所能承受的已经到了极限，希望对方能一起着手解决问题；也许是希望得到对方的鼓励和安慰，希望自己为家庭的付出不要被对方当作理所当然。

在倾诉着自己的忙碌和辛苦，带小孩或重回职场所遭遇的各种挫折时，其实是希望对方听到后会说："这样啊，真是辛苦你了。我能够为你做些什么？"所以在被对方反驳"这都是你自己的选择"的时候，便会觉得意外和受伤。

明明希望对方能共同解决问题，或者至少给出一些正面回应，有这么明确的目标却没有明确地说出来，只说出了自己的困境和不断付出的辛劳，始终没有说出"所以我希望你……"，在对方听起来，当然只是没有意义的抱怨而已。

我在几次沟通未果后逐渐学会了，沟通之前不要期望对方有多么善解人意，也不要幻想"只要他爱我、关心我、在乎我，就一定会懂"，而是接受另一个更符合现实的预设："他不是我，所以他一定不懂。"然后，厘清自己究竟想要让他做什么，要他帮忙，要他改善生活习惯，还是希望他给一点鼓励和安慰，就为了这个目标，在沟通时提出明确的要求。

恐怕没有人能在被指责的时候还听得进对方的任何提醒和要求。"为什么你就是不懂？""这不是我要的人生！"像这样的话只会让对方关上心门，更不想去理解妻子的困境，或者反驳道："你也不懂我在外面工作的辛苦，不懂我被夹在父母和妻子之间的辛苦，这也不是我要的人生……"

所以，我们要有意识地提醒自己把话说完整，要符合自己的真心，如果自己是脆弱的，就要坦承自己的脆弱；是疲惫的，就直接说自己很疲惫，所以需要什么。这不是什么沟通的技巧，但要做到对彼此诚实。

我在养成了这样的沟通习惯之后，回头去看以前的日记，惊讶地发现以前总是觉得对方不爱自己；而现在我们的生活压力更大，要面对的问题更多了，却很少再有那样的感觉。我想是因为在对话的时候，我们已经习惯了不再怀着"你应该懂"的期待，所以会明确地表达自己的需求。

■ "爱＝懂" 是一种错觉

男人并不像女人那样，从小被要求要会察言观色，要注意气氛，要维护良好的关系，他并没有女人那种敏感的情绪雷达。

女人总是有一种期盼，希望对方主动说出自己想听的话，主动去做自己希望他做的事，就是不愿意自己主动提出要求。

"如果他真的爱我，应该知道我需要什么吧。"

"如果是真的关心，应该看得出我很累吧。"

"如果不是因为冷漠，应该不会看我这么辛苦还一动不动地坐在那里吧。"

……

女人会期待相爱的两个人之间充满了默契，不需要多做解释，"对方也能够懂我"。更何况有了孩子之后的疲惫，常常毫无掩饰地都写在脸上。"都跟他说我整晚照顾孩子、完全没睡了，他应该知道我很累，很需要休息吧。"

遗憾的是，对头脑简单的男人来说，这是两件事情。只要你没有明确说出"所以我需要你去做什么"，或者"所以我今天不做饭了，希望你去买什么回来"，他可能根本就不知道你前面说的一大段是为了什么。只要过了追求和恋爱的阶段，大多数男人也不会再劳神费力地猜测你话里话外到底还有什么意思。所以，他们不会主动说"那我来做"或者是"那你好好休息"，有的甚至连"这样啊，你辛苦了"这样的话都不会说。

现实就是这么残酷，令人受挫。但是我想，如果能在自己心里先有这样的认知，在开口前先多演练几遍，要求自己一定要把话说完，不要去期待男人会猜中你的心意，可能失望会减轻许多。

女人心里总是有"爱＝懂"这样的错觉。所以每当对方说出自己意料之外的话，或买来自己一点都不喜欢的礼物时，就会觉得："你到底有没有在用心跟我相处，有没有真心地关心我？""他是不是不爱我，否则怎么可能一点都不懂我？"

这几乎就是女人的心声。只是在结婚几年之后我终于能够想明白，从一开始，"爱＝懂"的错觉，就是一种自我折磨。

结婚几年后，随着认识的人多了，观察的夫妻也多了，我发现那些很懂另一半想要什么、想听什么的丈夫，未必就是因为特别爱妻子，而只是比较懂女人的心思而已。因为很懂得女人心，所以能够轻易说出女人想听的话，在她很累的时候给予拥抱和安慰，会说："放心，我会更努力，不让你再这么辛苦。"我并不是说会甜言蜜语的人都没有真心诚意，但是"会说话"跟"爱"毕竟是两回事。

我见过一些婚前很会哄女人、婚后也很会哄妻子的男人。家务是妻子做、赚钱是妻子多、孩子的教育是妻子负责，但是，每一次妻子说些什么，他都能温柔体贴地回应，所以妻子也就心甘情愿、不知不觉地独自扛下家庭的所有重大责任。

无论怎样，只要自己觉得幸福就够了，所以作为旁观者也不觉得有什么不好。举这个例子只是要说，在沟通之前，或许女人要想清楚所谓"希望对方懂"，究竟是希望对方对自己说些温柔的好话，还是希望对方懂了之后去做些正确的事情。如果是后者的话，根本不需要在意对方懂不懂自己的辛劳，只要思考怎么说，两个人可以一起讨论如何解决问题、达成目的就好了。

我以前也非常在乎对方懂不懂我。想到他竟然不懂我就觉得难过，总觉得自己表达得非常清楚，对方却是一脸的冷漠或愤怒。"明明受伤的人是我啊……"我心里总是这样想着。

直到有一次，我哭着说："你根本不懂陪孩子睡的辛苦!"于是先生愤怒地把孩子抱去哄睡,不愿意让爸爸陪的孩子大哭,我也在客厅里大哭,这乱七八糟的一夜过去后,我重新回想,努力客观地反省自己,才有所觉悟。

"我就是不懂,所以你要我做什么你说啊!"不擅长说些温言软语的先生,当时是这么回答我的。

这句话如当头棒喝。是啊,为什么总是觉得对方如果爱我,就应该懂我呢?

因为不懂而一直犯错,因为不知道妻子是在求助所以什么都不做,一直犯下这种无心之过的丈夫,可能觉得:"我工作一整天也很累了,你说话可不可以不要拐弯抹角,不管是不想做饭,还是想让我照顾孩子,直接说出来就好了。"

男人并不像女人那样,从小被要求要会察言观色,要注意气氛,要维护良好的关系,他并没有女人那种敏感的情绪雷达。但男人显然是走另一个极端,从小都是妈妈在家里忙这忙那,他可以随意做自己的事,所以很自然的,结婚后也是要得到指令才有行动。

如果夫妻双方都有改善婚姻关系的意愿,并为此磨合过一段时间,或许就能逐渐掌握对方的言外之意,但女人不要奢望所有男人都能在这方面自学成才。

■ 不要用"灵魂伴侣"的想象束缚彼此

如果真的有灵魂互相吸引这种事，那么吸引人的，也会是一个与自己截然不同的灵魂；和自己在想法、行动上都能一致的对象，反而是一种自恋的投射。

少女时代对恋爱、对理想伴侣的想象，大多来自漫画、小说、电影、电视剧中各种被精心设计出来用以打动读者和观众的人物和情景。于是，我们总以为世上存在所谓"灵魂伴侣"，期待会遇到一个对的人，能跟自己无话不谈、心心相印，拥有不用开口也能彼此理解的默契，一个眼神就能够知道对方想些什么……

从少年、青年步入中年，有了一些人生阅历之后，就应该知道，现实中没有所谓"灵魂伴侣"，只有愿意沟通和磨合的伴侣。只要双方有诚意，并共同努力，大多都能建立起一种良好的关系。

要实现这个目标，就必须从已有的矛盾中自我反省，思考下一次遇到类似的事情时，自己该怎么做、怎么说，而不是单方面地指责对方。如果你总是指责对方，把自己的期待强加在对方身上，而不去倾听对方真实的困境和需求，那么对对方来说，你也不是那个对的人。

我在看过一些夫妻之后，发现灵魂伴侣的可能性其实是建立在一种直觉上的，有些夫妻乍看之下并不登对，但是深入了解他们各自的脾气和成长经历之后，会发现他们确实在彼此身上看到了别人会忽略的，但是对他们来说却非常重要的特质。那些特质也让他们彼此帮助，都成为更成熟的人。

人跟人之间确实会有一种直觉的吸引，那种吸引和我们自认为选择对方的理由可能完全不一样。我曾经以为，选择走进婚姻是因为对方很了解我，跟他在一起很放松，却在对方完全不能理解我，让我感到失望和挫折的时候，才发现真正吸引我的，可能就是他那跟我完全不同，因此也时常导致鸡同鸭讲的思维。

如果真的有灵魂互相吸引这种事，那么吸引人的，也会是一个与自己截然不同的灵魂；和自己在想法、行动上都能一致的对象，反而是一种自恋的投射。一旦陷入自以为是恋爱的自恋，更可能在发现对方不那么认同自己、和自己有不同想法时，体会到幻想破灭的挫折。

我们生来就是独一无二的灵魂，没有人彼此相同或天生适合，只有和不同的人相处所造成的挫折才能让我们发现自己还有进一步成长、改变的潜力。

所以，不要误以为灵魂伴侣就没有争吵和冲突，就能够永远保持默契，其实他们的生活中会有的冲突摩擦一样都不少，没有人是谁的真命天子或天女，只是两个平凡的人在相处中学习如何在照顾自己的同时，也不伤害对方的心。

■ 先让自己冷静下来，才有对话的可能

转换立场去考虑对方的处境，就会发现在忙碌生活中，不是只有自己唤不回恋爱时被对方体贴的感觉，自己也一样难得有余力去关心对方、满足对方的需求了。

我在第一次当妈妈时，孩子是个高需求宝宝，那时我常感觉跟丈夫在沟通上力不从心。虽然理智上想要清楚地说出自己的需求，但是一看到丈夫回家后的样子，好像我一天的疲惫都与他无关似的，又生气又想哭。不再像谈恋爱时能得到一句道歉和安慰，左等右等，只等到先生也开始烦躁、失去耐性的语气和态度。

对于从早累到晚，夜里也睡不好，生产时的伤口和喂奶的疼痛都还未平复的我来说，坏情绪随时都能席卷而来，把

理智冲到不见踪影。人生中最怀疑爱情的时候，大概就是那段时间吧。

现在的我回想起那段往事，终于能够像旁观者那样看清当时的状况。我急需帮助，却始终说不出"我需要你做什么"，只是反复控诉着"难道不是……""你应该……""你为什么不……"。我也终于理解了，先生那被我认为是事不关己的态度，其实也只是初为人父的不知所措，所以他总是躲在厕所，手机、游戏机不离身，想要逃避我的指责，或者用强硬的态度反驳"我没有错"。他并不是想伤害我，只是在维护自己受伤的自尊罢了。好好沟通的前提是心平气和，不要让负面情绪冲昏了头脑，扭曲了自己原本的意图，也激起了对方的负面情绪。而且，人只有在心平气和时，才有可能设身处地地为对方考虑，去反省自己是不是哪里也做得不够好。

那么，我们要怎么做才能保持心平气和，或者让自己开心起来呢？虽然又忙又累时，总是很渴望别人主动为我们做些什么，但毕竟还是自己最了解自己，知道自己需要什么才能够抚平内心的烦躁。

如果是因为孩子还小，总爱缠着妈妈，当妈的不仅没有时间休息，甚至连吃饭、上厕所都困难，那么给孩子看一会儿动画片也没关系，让自己休息或放松一下吧，也可以在为孩子准备早餐时，给自己冲一杯奶茶或咖啡。

找个能够理解你的朋友发个微信聊聊天，或者请不同生活圈子的朋友和你分享一下她最近的兴趣和新鲜事，把注意力从令人疲惫和烦躁的事情上转移。

如今网上购物这么便利，动动手指就可以买件小礼物来犒赏自己，虽然我也认为人要不为物所役，但如果可以给你带来快乐，适度的消费又何乐而不为呢？毕竟期望老公把你的辛苦看在眼里，下班后主动送你想要的礼物是更不切实际的。

如果想看书却没有时间，也可以逛逛网络书店，我总是在网上看新书的书摘，只要偶然看见一句幽默的玩笑或者一段深有同感的文字，就会暂时遗忘那"不够懂我"的老公。

身为妈妈，留给自己的时间非常少，就更显得宝贵，如果总想有足够多的时间出门逛街、参加朋友聚会，甚至是去旅行，就更会有一种自己被关在家里动弹不得的窒息感。所以，不如像这样，努力感受日常生活中的小确幸，在自己的身边搜集自己喜爱的事物，一点一点找回自己的快乐。

我几乎是千方百计地让自己的心情变好，这招没用就再换一招，虽然孩子还是会不时来打乱妈妈转换心情的节奏，但只要一有空闲，哪怕是只有五分钟，能够听一首自己喜欢的歌都是对自己的关怀。

女人只要还有能力为自己做些什么，就不必被动地等待他人来拯救。每天在丈夫下班前要尽可能做些什么来调整自己的情绪，让自己避免在最悲观、酝酿了许多怨气时开口去谈一些需要理性沟通的事情。只要双方都是心平气和的，很多事情都可以大事化小，小事化无。

除此以外，如果进一步转换立场去考虑对方的处境，就会发现在忙碌生活中，不是只有自己唤不回恋爱时被对方体贴的感觉，自己也一样难得有余力去关心对方、满足对方的需求了。

婚姻生活就是柴米油盐酱醋茶，外加让人劳神费心的娃，这些琐碎的现实让两个人无暇营造生活情趣。许多人强调婚后仍然要有贴心的礼物鲜花，一起外出看电影或烛光晚餐，但是这些所谓的情趣，却通常有太多消费主义的陷阱。花钱并不能取代彼此精神上的关心，夫妻之间只要能够和平相处，理性沟通，磨合出和谐的相处模式，就能维持细水长流的感情，这不是偶然的浪漫形式可以比拟的。

对方是和我一起并肩作战，共同面对人生中各种第一次的伙伴，像第一次照顾婴儿的手忙脚乱，孩子第一次发烧的心急如焚，第一次送孩子上学的喜忧参半，第一次面对叛逆期的哭笑不得……对方是唯一和我共同拥有这段人生经历的人。

做彼此的人生伙伴听起来也许不怎么浪漫，但已经是难得的幸福。

■ 不是不能期待对方，
　　而是所有期待都要"合理"

我们必须接受现实中的不完美，承认人生时常让我们失望。而对
亲密关系的失望，有许多其实是我们自己造成的。

太过强调对别人要放下期待，或许会让人觉得："那在一
起还有什么意义？"因为除了像亲子、手足这样与生俱来的
关系，伴侣、朋友都是自己选择的，选择对方时就已经有了
特别的期待，想要长久地在一起，想要分享人生的一切，也
是一种期待吧。

然而这里所说的放下期待，并不是不能有任何的要求或
希望，对于彼此，我们可以有很多合理的期待，比方说互相
尊重、感恩和对家庭负起责任等。必须要放下的是那些不合

理的期待，比如即使不说对方也能懂、每一天都必须非常快乐、生活中没有需要忍耐和妥协的事情。

人生漫长，两个人在一起是为了互相扶持，实现无法独自实现的目标，并不是让自己的所有愿望都得到满足，做什么都只追求快乐，所以也不应该幻想亲密关系就是让伴侣为自己遮风挡雨，比如自己从此不用辛苦工作赚钱、不用忍耐不喜欢的家族关系等。

我们必须接受现实中的不完美，承认人生时常让我们失望。而对亲密关系的失望，有许多其实是我们自己造成的。对对方的期待无法实现的时候，可以先换个立场想一想，如果是自己被这样要求，是不是真能够轻而易举地做到。

如果是连自己也做不到的，比如不说话也能发现对方的需求，在很累的时候还要陪着做些自己不感兴趣的事情，只要对方要求就为对方排除所有人际关系上的、经济上的各种负担……这样一想就知道这些期待并不合理。

我曾经觉得，一再提醒自己"放下期待"的感觉相当寂寞。明明是两个人在一起，却是我独自在想方设法地倾听自己的内心，安抚自己的情绪，找些喜欢的事物来排解压力等，所以会不自觉怀念起谈恋爱时，即使有些任性也能被对方理所当然地包容的日子。

但是，进入婚后生活就会看见许多谈恋爱时看不见的事情，像是对方下班后疲惫不堪的神情，为孩子的事情忙到深夜，第二天清早还要撑着疲惫的身体出门上班，或者是在原生家庭里背负起家人的期待，忍下自己不被父母偏爱的失落伤感……总之，谈恋爱时总是表现出最好一面的另一半，在现实生活中其实和自己一样，为了各个角色的责任义务，像是蜗牛一般背负着重担而生活。会为对方感到心疼，想为对方做些事，所以努力照顾好自己的情绪，避免增加对方的负担。

所谓夫妻，就是这样既独立又相连的特殊关系。不像年幼的孩子依赖父母，一切都是某一方的责任，也不像朋友那样只在心情好时相聚，遇到困难时就各自分离。

可以对对方有期待，但是也要同样地期待自己，学习拿捏这其中的分寸，可能是已婚人士一辈子的课题。

Chapter 7

给孩子自由，是父母一辈子的练习

■ 自由就像礼物，不一定出现在想要的时候

人生中的很多事情都是无法控制的，只能学会接受。为了孩子而放下的自由，总有一天，孩子会在我们已经没那么想要时还给我们。

被年幼的孩子缠着不能脱身的时候，我总会安慰自己："快了快了，他快要长大，快要听懂了。"孩子不会永远不懂事，总有一天能给妈妈一点时间和空间，让妈妈做一些自己想做的事，实现一点做自己的自由吧。

但想想过不了几年，孩子就又会迈入令人抓狂的青春期了，即使听懂了也不想合作，觉得合作就是对权威妥协，所以变得难以相处。身为妈妈需要忍耐的事情可能还会更多，这样一想，就会觉得生养孩子果然是对自由最大的限制。人生短暂，即使孩子长大，那些自由也回不来了。

但是，在这个可以选择不婚不育的时代，仍然毅然决然地选择放下自由，成为父母，就是因为我们心中有着比单身更向往的生活。就我自己而言，那就是一幅热闹欢乐的家庭景象，家里彼此等待、彼此分享、彼此关怀的人尽可能越多越好。

在这个已经不能够期待养儿防老的时代，生养孩子不是为了将来老后的生活，而是为了现在和孩子互相陪伴的这段美好时光。

我们不能永远和孩子在一起，也不能要求他永远把父母当成最重要的人，对孩子付出的一切也都是在培养他独立自主的能力，所以总有一天，做父母的要放手给他自由。但是母亲对孩子的牵挂，却又本能地延续到将来。

母亲的心情就是这样矛盾，沉重的责任让人时不时会渴望挣脱，但是等到孩子真正长大要放手时，又会希望亲子关系能够永恒不变，让自己永远拥有一个位置。

未来那个时候的自由，可能又不像现在所想象的那样，纯粹、美好而令人向往吧。

我有时想着想着会变得很感伤，想把孩子抱得更紧一点，想让时间走得更慢一点，但是人生中的很多事情都是无法控制的，只能学会接受。为了孩子而放下的自由，总有一天，孩子会在我们已经没那么想要时还给我们。

但是最终还是要提醒自己，人生在世，毕竟还是独自一人。只能珍惜彼此相伴的时光，珍惜自己现阶段身为母亲的"不自由"，当我们不再被孩子需要，重新找回做自己的自由时，那些亲密无间的回忆，就会变成我们重新独自生活时的养分。

■ 培养孩子独立，
  是父母对于人际关系的学习

从互相剥夺自由到互相分离、给予彼此自由的这段过程，就是为人父母必须学习的课题吧。

孩子还年幼时我们期盼他长大懂事，但是当他过了事事听从父母、对父母充满崇拜的时期之后，就又到了总是和父母发生冲突，为了证明自己长大而不愿妥协的叛逆期了。等他叛逆期结束，终于长成一个可以沟通的年轻人，想要坐下来好好聊天、共享家庭时光的时候，他也有了自己向往的世界，不再依偎在父母身边。

身为母亲，我一直在幻想孩子懂事后终于可以互相理解，但真到了那个时候，却必须放下这个想象，承认自己和孩子是不同世界的人。

但是为人父母就是这样，要学会人与人之间的联结，也要学会放手和分离。

初为人母时，我们放下了做自己的自由，等到终于适应这份不自由，彻底投入母亲的角色之后，却又要开始学习从角色中走出来，拉开与孩子的距离。

孩子成年之后，就会有自己的想法和价值观，那样的主见也是父母一路精心培养出来的。但是他自己的想法，很可能和我们的期待不符，这样的落差难免会让我们失望，觉得孩子不懂我们的好意，不重视我们作为过来人的意见，不愿意满足父母那总是想和孩子在一起共同决定所有事情的期待。

我们希望用自己的人生经验替他做选择，是希望他少走一点冤枉路，但是理性一点想，那些"我是为你好"的想法，也在一定程度上剥夺了孩子成长的必经过程，剥夺了他作为一个成年人做决定的自由。而那是我们自己在成长过程中，最排斥父母对我们做的事情。

角色转换后，多少可以理解父母的心情，甚至会在种种"我是为你好"的干涉中，察觉父母无法接受自己变老，必须和孩子分开生活，从此渐行渐远的脆弱，但越是如此，越要提醒自己在做父母时，不要再重蹈覆辙。

孩子长大后，我们重新做回一个人，我们最重要的身份是自己而不是某人的父母，这时我们也要相应地放手，给孩子做自己的自由，他也不再是某人的孩子。

从互相剥夺自由到互相分离、给予彼此自由的这段过程，就是为人父母必须学习的课题吧。

■ 父母和子女，都会渴望被对方认同

　　觉得"爱我就是要认同我、不应该批评我或限制我"的，可不是只有成年的孩子，还有年长的父母。

　　人与人之间并不是只要彼此有感情，就能愉快地相处。

　　即使是看似坚不可摧的亲子关系，也会因为彼此过于渴望得到对方的肯定，渴望从对方那里获得支持，而让关系陷入紧张甚至是决裂的地步。

　　孩子希望被父母爱着，父母也希望感受到孩子的爱，彼此都期待着对方能够"永远无条件地支持自己"。如果这种期待过于强烈，一旦得不到满足，就会失去对彼此的信任和温柔。

　　这时候只有让自己对对方的感情占上风，回到"只要对方健康快乐就好"这种最单纯的愿望，停止对对方"你应该爱我"的期待和要求，才能挽回和谐的亲子关系。

要做到这一点，就要跳出相互依赖的模式，承认彼此都是独立的个体，平等地看待对方。

对方是一个独立的人，一个有自己想法和生活方式的个体。有些父母和孩子一旦距离近了就会剑拔弩张，从生活习惯到人生方向都能够大吵特吵，就是因为他们彼此都认定"既然是我的父母（孩子），就应该能够认同我，接受我的想法"。

但是彼此都认为自己才是正确的，因此想法上的差距没办法像朋友之间意见不合那样可以一笑置之，反而是每件事情都想说服对方，争论都一定要有个"结果"。

又因为这样的争吵都跟爱的感受有关，双方都觉得爱我就是要认同我、不应该批评我或限制我，所以又让这种冲突更复杂。

父母在孩子和自己意见不同时，也会产生不被爱的感受，只是表面上更容易伪装成"因为我的年纪比较大，我的人生阅历比较丰富，所以我就是对的"这种争论，好像只是在跟孩子单纯论理，实际上还牵涉到情感认同。

无论是父母还是孩子，谁都不是圣人或完人，所以都容易把本是自己对自己不足的爱，变成了不自觉向他人讨爱的冲动；都会产生的一种状态，即明明是自己缺乏自信，有自信的话根本不需要别人的赞同，却认为问题都出在对方的不懂事或者食古不化，反复抱怨对方因为不懂所以没有给予自己应有的认同。

有些人会为了自己感情或职业上的选择没有受到父母祝福而感到悲伤，甚至因为父母的否定而愤怒不已。但做了母亲之后，我终于也能够这样想，或许眼见着事事和自己唱反调，说着"你们不懂"的子女，也会让父母一样觉得自己不被肯定，不受认同吧。

家不是事事都讲理的地方，也要讲情分。有人说，明明应该追求合理的怎么会只能讲情呢？难道要因为感情至上，而放下是非对错的界限吗？

但是世上有很多事情，本来就无关于是非对错，不过是不同的选择，有着不同的立场而已。虽然这个道理是讨论夫妻相处之道时的老生常谈，但对于亲子关系也一样适用。许多看似讲理的场合却无法就事论事，而是搞得剑拔弩张，彼此都一肚子愤怒和委屈，觉得"对方不理解我又自以为是"，就是因为引发冲突的其实不是表面上的道理，而是深层的情感或认同在拉锯。

在家里，做一个讲理也懂情的人

我希望自己无论当子女还是做父母，都是一个懂情的人。因为能够懂得人世间的情感，而对人有更多的宽容。

虽然我也曾因为父母不认同我的选择而伤心，但当我懂得用情感来解释这一切时，就能察觉到，双方在内心深处都渴望获得对方的赞同，不想被对方伤害。于是我就从自己开始，学习先放下这样的期待。当我不再坚持自己是对的，不再希望父母赞同我的选择，而是看淡父母的意见，专心过好自己的生活时，父母也不再像从前那样迫切地希望说服我去接受他们的意见和想法了。

因为彼此都是成年人了，生活方式应该是各自选择，与其不断纠结着对方为什么不能认同自己，或者对方应该过什么样的生活，甚至是用什么样的方式照顾小孩等，还不如把这些争议都放下，回到最单纯也最基本的人与人之间的关怀。只是关心对方的平安健康，但不批评对方的生活，表达出希望对方健康快乐、生活自在的祝福，放下那些对方应该怎么做才算是爱自己、认同自己的想法和期待。

双方都要把事情和情感分开来看。年长的父母要明白，成年的孩子坚持搬出去住不代表他不爱父母，坚持按他自己的想法教育小孩也只是他尽父母之责的一种方式；而成年的子女也要理解，当父母提出不同意见，甚至是批评指责，也不代表自己要全盘接受，自己的生活还是要由自己负责任，这样就可以做出忠于自我的选择。

亲子之间的问题没有对错，只是双方的立场和期待不同。要尽量避开一定会起冲突的雷区，不要要求所有讨论都能达成共识，提醒自己把对方当成朋友来相处就好了。

■ 彼此相爱，未必就彼此认同

既然要培养他为自己负责的能力，就要练习让他自己做选择，让他逐渐习惯为自己负责，亲子关系的互动模式会从他对我唯命是听，逐渐转变为人与人的互相尊重。

对于我们的父母一代而言，"爱"不是一个生活中会出现的字眼，虽然他们已经会谈爱的教育，但也许是不懂爱的真谛，或者是纯粹不懂得表达，总之我们在生活中听到"爱"的时候，那句子通常都是："爸爸妈妈那么爱你，你却这么不听话，不孝顺，不懂得爸妈的心……"

听到这种话后能够回答"原来如此，我知道我错了，谢谢你们这么爱我"的子女不知道究竟存不存在，如果有，我想也是凤毛麟角吧。

这种爱与其说是在表达"我这么爱你",不如说是在强烈地要求"你应该爱我"。听到这种话的人,不是被提醒自己拥有对方多少的爱,而是被要求应该回应,即满足对方。

实际上,真的爱一个人从来就不表示会无条件地赞同或喜欢对方所做的事,也不会完全听从对方的要求,满足对方的期待。无条件的爱只能是每个人关怀自我的目标,而非能向别人索取的东西。在子女逐渐建立起自己的生活方式之后,就时刻提醒身为父母的自己:"即使和我的期待不同也很正常,只要孩子过得健康快乐就好。"这样才能做到彼此尊重,和谐相处。

每当孩子跟我闹脾气,我就会默默想着,才五岁的孩子就会有自己的想法,想用自己的方式做事,过自己想过的生活,身为父母在这个时候当然不能全部放任,但是也要提醒自己,孩子迟早会长大,父母必须放下期待,让他用自己选择的方式生活。

即使孩子已经长大成人,父母也总会在他身上看见从前那个仰望自己、无比依赖自己的小脸。但我总是反过来,看着他稚嫩的小脸因为不满意我的要求而气鼓鼓的样子,想象他长大后,就会用比现在更强烈的态度来表达他和我有不同的意见,无法赞同我。

这种仿佛穿越了时空跳到三五年甚至是十五、二十年后的想象，既抚平了我当下无法跟孩子沟通而产生的烦躁，也提醒了我，"沟通"未必就会达成"共识"。

现在通常都是孩子听我的，因为他还小，有些事情不能为自己负责，既然责任在我，选择权就会在我。但是既然要培养他为自己负责的能力，就要练习让他自己做选择，让他逐渐习惯为自己负责，亲子关系的互动模式会从他对我唯命是听，逐渐转变为人与人的互相尊重。

这种转变要循序渐进，不能一直保持大权在握，然后等到孩子十八岁生日一过，就立刻完全撒手不管。必须让自己一点一点地放手，每个阶段都让出自己一部分的决定权，让孩子逐渐习惯对自己的生活负责，只有这样，当我必须要面对他和我有着不同意见，要坚持做他自己而不再是听话的孩子时，我才不会因为一切都发生得太突然而难以适应，痛苦不已。

我必须摆脱威权教育的影子，总是无法认同孩子，用孝顺的观念做亲情绑架。要知道孩子不赞同我，不表示他对我就没有感情。

如果我觉得跟我达成共识才表示孩子懂我的爱，回报我的爱，那就是把阿德勒所说的"不健康的认同渴望"强加在孩子身上，而这种施加一旦成为习惯，反而会让我丧失爱的能力，变得无法单纯地爱孩子，因为真正的爱不包含控制。

孩子是独立的个体，尽管年幼时依赖父母，却总是朝着与父母分离的方向前进。做父母的只能把握每个阶段的不同美好，不能奢忘孩子总有一天会认同你，毕竟跟孩子的相处也是人与人之间的关系之一，最美好的付出总是心甘情愿，而不是期待对方的回报啊。

■ 最单纯的幸福，就是"在一起"

就算感情再好，孩子也总要独立，要离开父母，去建立他自己的世界。

每个时代都有不同的教育方式，比起教育，我更喜欢说成是"和孩子的相处"。

过去的教育，偏向把孩子视为无行为能力的人，是成人的附属品，要求孩子一切按照成人的标准。"不要问那么多，听话就是了。"这样的教育观使亲子关系变得冷漠和疏离，或许符合孝道，但让许多人一直到了成年，都无法和父母在情感上良好地交流。

即使经过一段时间的修正，上个世纪五六十年代出生的父母，已经懂得强调爱的教育、男女平等，但也难免留下传统教育的痕迹，毕竟教育方式也是一种社会文化，文化总是长时间累积而成，代代相传，不是那么轻易就可以被颠覆的。

我们这一代在教育孩子的时候，更注重和孩子进行情感交流，虽然现在孩子都还没有长大，所以不能断言结果，但用这种方式和孩子相处的父母，会期待在孩子成年之后，亲子之间会有更亲密、更感性的互动。

但就我个人来说，一旦产生了对他人的期待，就会立刻警觉地提醒自己放下比较好。人跟人的相处都像未知的化学变化，亲子关系会走向什么模式，更是会受到各种条件、环境或他人所影响。换言之，即使小时候一再强调和孩子无话不谈，建立充分的信任和密切的互动，未来能不能持续下去，也是充满了未知数。

现在紧紧抓着我的手，叽叽喳喳说个不停的孩子，长大之后还愿不愿意跟我分享心情，是我无法掌握的事。只要想到自己和上一代之间也经历了这些过程，就不敢奢望自己和孩子的关系一定会不同。毕竟就算感情再好，孩子也总要独立，要离开父母，去建立他自己的世界。

为了不让我们的爱形成压力，从现在起就要提醒自己：要爱得有智慧，要降低对维持亲密亲子关系的期待。如果孩子在独立之后，还会想看望父母，觉得和父母在一起的时候能够放松心情，和睦相处，就已经很好了。毕竟看看我们周围，能够和父母维持良好关系的人也并不是很多。能够实现这种关系的家庭，多半是父母有一些人生智慧，懂得让自己和孩子都过得自在，就像朋友一样能够轻松相处。

不管是哪个时代都一样，在孩子最喜欢、最信任、最依赖父母的时候，因为理解力等很多能力还不足，还不能和父母像朋友那样互动和交流。但是等到他长大成人、有足够的能力之后，又不再想紧跟着父母，比起听父母说些上一代人的想法和价值观，他会更想要和自己的同龄人在一起。

父母的心愿和现实的条件似乎总是交错而过，而随着年纪的增长人也会不自觉变得固执，也许当我年老的时候，我的孩子就会用看待孩子的方式来面对和包容这样的我，如果到时我的身体不如预想得健康，可能会越来越依赖孩子、总是念着"你什么时候要来看妈妈"而让孩子觉得烦……这样想象下去，也不知道自己究竟盼望的是什么，人生最美好的似乎不是看似遥远的卸下父母重担的未来，而是现在这个责任最重、压力也最大的时候。

在孩子还愿意牵着我们的手的时候，我想紧紧地牵着。被不懂事的孩子缠着，有时甜蜜，有时却又渴望挣脱束缚，但多年后再回过头来看，就会觉得这是人生中最平凡、最单纯也最难忘的幸福了吧。

后记

在最不自由的处境下，
找到自己"真心想要的自由"

在老大一岁多的时候，我出了自己的第一本书。在这之前，我曾经投稿但没有成功，会在网上写写小说，也翻译过几本书。

小时候，我曾一度沉迷阅读，无法自拔，也很自然地想自己创作故事。上小学时，我还曾经将"作家"当成自己的志愿，但上了中学以后，迫于升学压力，我就完全放弃了这种想法。

那时的我，不知道作家的生活是什么样，也不知道如何才能成为作家，就算在书店里能看到许多书名和作者，比起每天都会遇见的老师、店员、银行职员、会计等职业，也会察觉他们是社会中的"少数"，好像不是那么容易就可以当上的。

我当时在学校里的成绩还算不错，从初一到初三年级逐渐进入了班上的前几名，会考试的孩子很适应学校里天天考试的生活（当然，适应并不表示喜欢或快乐），也自然而然地会用考试来决定自己的人生方向。凭着考试一路走下去，或许可以当个某一领域的研究者。

而且爸妈也因为我的考试成绩，开始期待我考上前三志愿，然后走上台大、出国留学、回来任教的路……总之，摆在眼前的这条似乎可以满足爸妈期待的务实之路，应该就是最佳选择。

然而，这样的我却在三十一岁时出了第一本书，内容还是写我自己成为母亲的心路历程，人生重大的转折似乎总是有些偶然，却又有种绕来绕去最终还是回到自己最初的梦想的必然。

我想作家就跟画家、钢琴家等创作者一样，是感情丰富又有强烈表现欲的人，渴望自己被看见或被听见，而不自觉地在这些事情上花费大量的心力和时间。

我曾经觉得，成为母亲就是一连串失去自我、怀疑自我的过程，但是现在的我不那么想了，可能也要归功于我的这段写作经历。

虽然称不上是一个畅销作家，作品也没有获得多大的成功，但是出了书，实现了儿时的梦想，这样的成果发生在我身为母亲的阶段，我觉得这个时间点并非偶然，而是在我自己未曾看见的生命地图中，两个重要的任务相遇的结果。

成为母亲这件事，其实我从未认真想过，只是受到周围人的影响，很自然地认为自己的家庭也会有孩子。但是当我抱起那个柔弱的小生命时，才真切地听到了内心的呼唤：我一直想要做个母亲，想知道自己在照顾孩子时会是什么样子。

一个人内心最深层的恐惧，可能也潜藏着她最强烈的愿望吧。

我一直担心自己的爱心不够，担心自己会成为一个自私的母亲。于是我常常逃避，想象不婚不生的单身生活，但是最终，就像我曾经害怕婚姻，怀疑婚姻就是牢笼，却还是选择了结婚一样，很多事情必须直面恐惧，才能破除。

成为母亲，又成了全职妈妈，我能够从工作和职场人际关系的负担中解脱，全心投入在家庭中。每天照顾孩子、照顾家人，付出很多情感劳动，却让我在其中看见真实的自己，发现我最在乎的其实就是：我究竟是一个什么样的母亲。

我想知道，在母亲这个几乎代表了付出的角色中，我能付出多少、为别人放下多少自私自利、能承受多少情感上的挫折和失望……我生怕我做不到。但现在只要一想到孩子，心中就会涌起源源不断的爱和保护欲作为强烈的动力，我感到无比安心。

原来我是这样的人。我终于证明了，我能够付出爱，也有人能够接收到我的爱。

当然，这种事情总是在得到证明之后，才被发现其实没有证明的必要。一个人究竟是什么样的人，最重要的不在于别人怎么看、怎么想，而是在一个人诚实面对自己时，究竟能不能无愧于心。

成为母亲，是我生命中第一个看似偶然，却是必然的事件；而第二个就是出书了。

当我发现，在身为母亲的非常有限的时间里，还是可以做到努力写作和出书这两件事情。在每天忙碌的生活里，在没有任何关注、没有稿费收入、没有人会点赞的情况下，我像写日记那样为自己而写。我怀着各种复杂的心情，有种非写出来不可的冲动，不然就会觉得有事情没完成，焦虑到睡不着觉。

越是被剥夺了机会、时间和可能性的情况下，人就越渴望再次拥有，会寻找和利用哪怕一点点属于自己的时间，做些什么事情，从而更了解真实的自己。

当然，我也会追剧、看小说、看漫画，也会什么都不做只想放空，但是对我来说最快乐、充电效果也最好的事情，还是写作；其次是阅读。这帮助我找到了自己的定位，以及如何安排我的下个阶段的人生。

曾经有很多人，包括我，对年轻女孩给出的建议都是，要在结婚生子前尽量多地探索自我，找到自己真心想做的事情并努力去做，因为一旦结婚生子，那些事情就都不用做，也做不了了。

但是现在的我却有了不同的想法：人生每个不同的阶段，都能够探索自我。单身的时候，有大把自由掌控的时间，可以转换工作，也可以放下工作，可以去旅行、观察不同的世界，但也可能拥有大把时间却很茫然，不自觉地模仿别人；而结婚生子后，总是在跟时间赛跑，每天可能在孩子睡着之后才有空闲，或者在公车或地铁里摇摇晃晃、头昏脑涨的上班途中，脑海里却不断浮现该做和想做的事，你忙碌不堪的一天，一定还是会有像针尖上的一滴水，那样珍贵而稀少的自由，所以对自我的探索也会比过去更强烈更直接触及真实的想法。

以前，我也认为母亲就是一个失去自由和自我的角色，以为要等到孩子大了，才能重新做回自己，却又害怕到那时自我已经因为长时间的压抑，而消失得无影无踪。

但现在的我，认清了母亲的角色和自我本就是并行存在的。你如何当母亲，在背负了沉重的考验和负担时，你能付出多少，那属于你和孩子之间的关系，也是你情感的一部分；

而做母亲以外的时间，你为自己做些什么，代表了你想要成为的样子。你没有时间模仿别人，没有时间盲从，与其听别人建议，不如问问自己真实的想法。

所以母亲到底有没有自由呢？有，极少，所以珍贵，更要好好珍惜。

好好把握那最微小的自由吧，不要把它全部在娱乐中挥霍。当然，我们也需要放松和娱乐，只是娱乐带来的满足感无法累积也无法持续，你可以选择找一些时间，静下心来做自己真心想做的事。

当你把握住每一小段稍纵即逝的自由时，你会更清楚地知道自己是谁，不需要和别人相同。

给女儿的一封信

亲爱的宝贝：

　　妈妈写这封信的时候，你才七个月大。俗话说"七坐八爬"，你哥哥在七个月大的时候才刚学会翻身，而现在的你不只会站，还每天爬上爬下，一点都没有婴儿的样子。

　　我和爸爸看着这样的你，总是说着"实在太厉害了"。你好像不认为自己是婴儿，觉得自己想做什么就一定要做到。就算还站不稳，在枕头上爬得太高，有时会"咚"的一声滚下来，你也不会哭，而是再接再厉，只要和五岁的哥哥做到一样的事情，你就会看着我得意地大笑。

　　我常常希望，未来的你也一直都是这么勇敢，一直相信自己没有什么做不到。虽然现在的我，其实并不认为人生是"有志者事竟成"，我觉得这种想法忽略了现实，但是我相信，只要去做自己真心渴望的事情，不断努力，无论最后有没有达到自己的目标，都能过上不悔的人生。

亲爱的女儿，有一天你会知道，不后悔其实是很难的。

生而为人，我们会有很多愿望，也会随着人生经验的累积，而不断改变自己的愿望。人们常认为，如果当初就懂得现在懂得的事情，或许能更成功、更快乐，也更能把握珍贵的青春，所以会随着时间的流逝，对过去有越来越多的悔恨。

很多父母会因为这样的心态，把自己认为的成功捷径不断灌输给儿女，希望儿女少走一点冤枉路，比自己更接近理想的人生。

但是我并不想这么做，因为我知道，人只能依靠自己的经验去学习。如果你顺应我的期望去做，也许会给你带来更多的悔恨。这是你仅有一次的人生，你应该听从自己的内心，用自己的方式不断努力。就算有一天，你觉得这样的决定可能不是最好的，但因为一切都忠于自己的想法，也会愿意去承担选择的结果。

我偶然看过一句话："人生的选择没有对错，只是智者努力让自己的选择成为正确的选择，而愚者则视其为错误而不断为之悔恨。"

看到这句话时，我的心揪了一下。是啊，人生不会重来，我们要珍惜每一个当下的选择，要运用智慧，努力把自己的选择活成正确的选择。反思过去是为了更加了解自己，在下一次面对选择关头时，做出更适合自己的决定。如果一直为了过去的选择感到后悔，就等于相信另外一条没有走的路才是唯一正确的答案，这样一来，只会不断埋怨过去的自己了。

这个世界并不公平，有许多人一生下来就拥有很多有利条件，更容易实现自己的目标。但是有一件事情是公平的，那就是每个人都无法改变过去。所以，妈妈希望你在每一个阶段都要慎重、认真地看待选择，一旦选择了，就努力让这个选择成为正确的选择。并不是说发现错了之后还要紧抓着这个选项不放，而是要把握从中学习的机会，由此把握自己接下来的人生。

不要因为性别、年龄，也不要因为别人说"你应该怎样"而限制你自己。人生是不断认识自我的过程，这个过程不会到了某个年龄就停止，就像妈妈现在也觉得自己还在成长，面对人生时永远是"不够成熟的"。

有一天你会知道，人生没有唯一正确的选择，所以虽然会有悔恨的心情，但没有什么事情值得你将今后的人生都沉浸在悔恨之中。

对于过往的事情，你要保持冷静、理性地看待，想想自己当时为什么会那么做，借此了解你的内心，是不是有你自己也不明白的愿望和伤痕。

就算现在你还小，你也已经开始了认识自己的过程。妈妈希望你一直怀抱着现在的勇气，用一个婴儿的眼光看待这个世界，你会发现这个世界是多么有趣又令人惊奇，充满了值得挑战的事物。即使你失败了，妈妈也会像现在这样，觉得努力不懈的你真的很棒，真心地为你加油。

当然，觉得很累的时候，也可以来妈妈身边，妈妈会向你敞开怀抱，因为你永远是我的宝贝，和哥哥一样，你们对我来说都是无比珍贵的人。

身为母亲，我们总是希望女儿过得比自己更好，而在我们这个时代，婚姻、母职对女性仍有着许多不合理也不公平的限制。要摆脱这些限制，最简单的好像就是不要结婚，也不要成为母亲了。

但是我却在这样想的时候感到犹豫，因为这样做好像是身为母亲的我，对着女儿，不断否定自己的人生。

妈妈我明明是选择了自己的所爱而结婚，结婚后生下哥哥和你，也按照自己的想法，选择做全职妈妈专心照顾你们。如果还一直对你说："女儿啊，以后千万不要结婚、不要生孩子，就当个自由自在的单身女性吧！"你看着这样的我，会不会怀疑妈妈是后悔生下了你，会因此而自责自己的存在，只因为我没有处理好自己的问题？

以前，你的外婆时常对我说："你以后绝对不要当家庭主妇，像我一样，只能跟老公要钱，会被看不起。"实在听得不耐烦的时候，我也会说："好啦好啦！我绝对不会。"我想用更坚定的语气让妈妈安心。

但是，长大后当类似的对话再次发生时，我开始觉得困惑，妈妈在听到我说"我绝对不会"的时候，到底是觉得宽慰，还是会受挫和感伤呢？

在勉励女儿的同时好像也否定了自己，显然你的外婆在看着我时，就会想起自己原本可以拥有，却因为各种原因而无法实现的人生。我想象着那样的心情，觉得那就是女人的矛盾：身为女人，我们好像一直是在亲身示范、在教导女儿如何自我否定，以后千万别过妈妈这样的人生。

我们在结婚生子之后，深刻体会到社会对女人的限制和束缚，让我们忍不住感叹，希望女儿不要像我们一样遭遇各种不公平，吃尽苦头。

我非常理解这种心情，只是人生还没有结束啊，不是做了母亲就再也做不了别的，每个人身上都有很多角色和很多面，可能性是永远存在的。因此，妈妈希望你知道，当好一个母亲是绝对值得骄傲的事情，也希望你无论任何时候都有追寻自我的勇气。

人们常说"为母则刚"，说得好像每个女人都能轻松做到，但实际上母亲能否强大起来取决于她是否拥有成熟的心智，能够付出多少爱，放下多少自我，这其中更不乏无数次的内心挣扎。

现在我拥抱着你和哥哥时，内心感到无比温暖和幸福。

还有人说，成为母亲之后，女人在社会上就失去了自己的名字。某个角度来说，这句话是可以理解的，因为每个家庭的情况都不同，有的人光是为了履行母亲的职责就已经筋疲力尽。但是不是只有为人所知的成功才叫作成功，人生的幸福也不是建立在别人的认可上。幸福是一种主观意识，只要你了解自己、做每个决定都要尽可能适合自己，为了更有能力去做出这样的选择而不断努力，你就会感到踏实而且幸福。

我看过许多看似成功，其实内心却并不认同自己的女性。如果无法自我认同，那么外人看起来再好、给予再多的认同和掌声，自己还是会为了内在的空虚而陷入苦恼。

当然，人总是会被别人的看法所影响，就像我生下你哥哥之后不久，有一次回到大学母校，教授还是不断鼓励我，应该让其他家人照顾孩子，把握机会自己出国念书。

"你知道你有那个能力啊。"

我对这样的肯定感到飘飘然的同时，却也觉得老师并不了解我的情况，我想自己照顾孩子，想在孩子童年的时候陪在身边，这个时候劝我出国寻求更好的发展，就好像在为了"只是一个母亲"的我而感到可惜。

老师唤起了我心里的矛盾，但是看着你哥哥（当时还没有生你），我觉得"这也是我想做的事情"，所以有一段时间，我总是在想：如果我是男人就好了，可以让一个女人为我照顾孩子，让我去做对自己未来发展最好的事情。

但是，这样想也无异于自我贬抑，就等于学社会学、认同男女平等的我，其实还是觉得只有符合男人的成功模式才叫作成功，叫作有所成就，而那种成功完全基于社会竞争和群体的认同上。

如果连我都不能肯定女人的生活、女人为身边的人付出的方式、否定自己照顾家庭的价值，那还何谈男女平等呢？

我觉得，平等就是要尊重每一个人的不同选择，而不是制定统一的标准，鼓励每个人都去挑战那个标准，实际上，那个标准本身就是不必要的限制。

简单来说，妈妈希望你肯定自己，不管你做什么选择，重要的是了解自己，忠于本心。这不是只要长大就会自然学会的事，你要有意识地努力。随着年纪增长，你能接收的信息量越多，就越能感受到从众的压力，社会上多数的人都会用一个理想女性的框架来期待你。

"成为理想女性就能得到奖励"，妈妈希望你不要受到这种诱饵所迷惑，不要为了不真实也不可能达成的完美典范而过度消耗自己，你要爱惜健康、珍惜时间，该玩的时候玩，该努力的时候就努力。

对自己的选择感到困惑也是难免的。就像妈妈到现在，有时也会怀疑自己的选择。但是只要明白人生是永远在改变，你就能不卑不亢，不对自己做过分的要求，也不轻易贬低自己。

说再多可能都比不上你自己对世界的观察，而你第一个观察到的女性就是我。我有时为此感到忐忑，有时也觉得就做我自己好了，让你看见我对自己诚实的样子。

在写这本书的时候，有好几篇文章是我在深夜到清晨，用背巾抱着不肯睡觉的你，撑着疲惫的身体，独自踱步所得到的灵感。这些灵感有的来自妈妈在学生时代用的功，也有一直以来不断充实自我的累积。所以说，没有什么白走的路或白费的努力，也不是只有一种特定的成功模式，不必非要像教授建议我的"出国留学"，才能够让一个人发挥所长。

只要你一直都是个认真在了解自己，努力追寻内心真实的人，我相信不管你在什么位置上，都能活出自己的光彩，最重要的，是过得无愧于心。

我不敢说自己的人生会过得很精彩，足以当你的模范，但也绝对不想重蹈覆辙，对你说"以后千万别像妈妈这个样子"。我不希望你在我身上学到的是"女人对自己的人生是无能为力的"，而是"在任何一个时刻，都有选择的自由"。所以，即使我现在仍时常感到迷惘和困惑，但是为了让你觉得做女人还不错，妈妈会努力对自己的人生、对自己的快乐负责。

女儿不是母亲人生的延续，母亲也不是女儿未来的样子。虽然我还会在未来很长一段时间里支持你、陪伴你，但我们毕竟是两个独立的个体，妈妈会尽最大的努力让自己变得成熟，不做你的牵绊，而是给你我最大的祝福。

版权登记号：01－2020－0830

图书在版编目（CIP）数据

妈妈的自由 / 羽茜著 . -- 北京：现代出版社，2020.5
ISBN 978-7-5143-8428-4

Ⅰ . ①妈… Ⅱ . ①羽… Ⅲ . ①女性－成功心理－通俗
读物 Ⅳ . ① B848.4-49

中国版本图书馆 CIP 数据核字（2020）第 048411 号

妈妈的自由

著　　者　　羽　茜
责任编辑　　毕椿岚
出版发行　　现代出版社
通信地址　　北京市安定门外安华里 504 号
邮政编码　　100011
电　　话　　010-64267325　64245264（传真）
网　　址　　www.1980xd.com
电子邮箱　　xiandai@vip.sina.com
印　　刷　　大厂回族自治县彩虹印刷有限公司
开　　本　　880mm×1230mm　1/32
印　　张　　7.25
字　　数　　126 千字
版　　次　　2020 年 5 月第 1 版　2020 年 5 月第 1 次印刷
书　　号　　ISBN 978-7-5143-8428-4
定　　价　　42.00 元